"十三五"国家重点图书出版规划项目

画说三农书系

画说棚室茄子绿色生产技术

中国农业科学院组织编写

杨 洁 薛彦斌 编著

中国农业科学技术出版社

图书在版编目（CIP）数据

画说棚室茄子绿色生产技术 / 杨洁，薛彦斌编著 .
—— 北京：中国农业科学技术出版社，2018.7
ISBN 978-7-5116-3729-1

Ⅰ . ①画… Ⅱ . ①杨… ②薛… Ⅲ . ①茄子—温室栽
培—图解 Ⅳ . ① S626.5-64

中国版本图书馆 CIP 数据核字 (2018) 第 111845 号

责任编辑	闫庆健　鲁卫泉
责任校对	马广洋

出 版 者	中国农业科学技术出版社
	北京市中关村南大街 12 号　邮编：100081
电　　话	（010）82106632（编辑室）（010）82109702（发行部）
	（010）82109709（读者服务部）
传　　真	（010）82106650
网　　址	http://www.castp.cn
经 销 者	各地新华书店
印 刷 者	北京富泰印刷有限责任公司
开　　本	880mm×1 230mm　1 /32
印　　张	5.625
字　　数	133 千字
版　　次	2018 年 7 月第 1 版　2018 年 7 月第 1 次印刷
定　　价	38.00 元

编委会

《画说『三农』书系》

序言

《画说『三农』书系》

让农业成为有奔头的产业，让农村成为幸福生活的美好家园，让农民过上幸福美满的日子，是习近平总书记的"三农梦"，也是中国农民的梦。

农民是农业生产的主体，是农村建设的主人，是"三农"问题的根本。给农业插上科技的翅膀，用现代科学技术知识武装农民头脑，培育亿万新型职业农民，是深化农村改革、加快城乡一体化发展、全面建成小康社会的重要途径。

中国农业科学院是中央级综合性农业科研机构，致力于解决我国农业战略性、全局性、关键性、基础性科技问题。在新的历史时期，根据党中央部署，坚持"顶天立地"的指导思想，组织实施"科技创新工程"，加强农业科技创新和共性关键技术攻关，加快科技成果的转化应用和集成推广，在农业部的领导下，牵头组建国家农业科技创新联盟，联合各级农业科研院所、高校、企业和农业生产组织，建立起更大范围协同创新的科研机制，共同推动农业科技进步和现代农业发展。

组织编写《画说"三农"书系》，是中国农业科学院在新时期加快普及现代农业科技知识，帮助农民职业化发展的重要举措。我们在全国范围

遴选优秀专家，组织编写农民朋友喜欢看、用得上的系列图书，图文并茂地展示最新的实用农业科技知识，希望能为农民朋友充实自我、发展农业、建设农村牵线搭桥做出贡献。

中国农业科学院党组书记 陈萌山

2016 年 1 月 1 日

内容提要

《画说『三农』书系》

本书结合中国蔬菜之乡寿光棚室茄子生产的实际，面向全国，以图文并茂的形式系统介绍了棚室茄子栽培的关键技术。内容包括绪论中介绍的茄子名称由来、茄子起源与传播、茄子生产的作用与功能、茄子生产现状及存在的问题；茄子栽培的生物学基础；茄子棚室的选址与建造、茄子品种选购与优良品种介绍；棚室茄子栽培管理技术、其中重点介绍了近年来最新棚室茄子的绿色防控集成技术；茄子主要病虫害的识别与防治等，对茄子栽培管理的方法、常见病虫害的为害症状等配有图片，读者能够快速掌握棚室茄子栽培的技术关键。文字描述通俗简单、易于掌握；栽培管理技术来源于生产实践，实用性强；所用图片拍摄于田间大棚，针对性强，便于蔬菜种植户、家庭农场、农技推广人员、农村工作指导人员等学习掌握，农业院校相关专业师生也可阅读参考。

《画说棚室茄子绿色生产技术》受到了潍坊科技学院和"十三五"山东省高等学校重点实验室设施园艺实验室的项目支持，在此表示感谢！

目　录

第一章 绪论

一、茄子名称由来

茄子正式名称为茄（*Solanum melongena* L.），为茄科、茄属植物，俗称茄子，中国各省均有栽培。茄子别称伽、伽子、吊菜子、落苏、酪酥、落酥、六蔬、矮瓜、昆仑瓜、昆仑紫瓜、紫瓜、茄瓜、草鳖甲、东风草、白茄、表水茄、紫茄、紫菜、黄茄、银茄、黄水茄、酱茄、糟茄、鸡蛋茄、卵茄等。

二、茄子起源与传播

茄子原产亚洲热带，有印度、伊朗、泰国、缅甸、越南五原产地之说，一般认为茄子来自印度（竺，一名身毒）。大多数学者认为茄子起源于亚洲东南热带地区，古印度为最早驯化地，至今印度仍有茄子的野生种和近缘种。野生种果实小味苦，经长期栽培驯化，风味改善，果实变大。茄子原产印度，在公元4-5世纪传入中国。由于中国将茄子发扬光大，在幅员辽阔的中国大地上，茄子类型、品种繁多，中国也被认为是茄子的第二起源地。中世纪传到非洲，13世纪传入欧洲，16世纪欧洲南部栽培较普遍，17世纪遍及欧洲，后传入美洲。18世纪由中国传入日本。中国栽培茄子历史悠久，类型品种繁多。茄子在全世界都有分布，以亚洲栽培最多，欧洲次之。西晋嵇含撰写的植物学著作《南方草木状》中说，华南一带有茄树，这是中国有关茄树的最早记载。至宋代苏颂撰写的《图经本草》记述当时南北除有紫茄、白茄、水茄外，江南一带还种有藤茄。

三、茄子生产的作用与功能

茄子是我国南北方主要的蔬菜种类之一，在生产中占有重要地位，在我国各地栽培普遍，尤其是在广大农村，茄子的栽培面积远比番茄大。东北、华东、华南地区以栽培长茄为主，华北、西北地区以栽培圆茄为主。茄子适应范围广泛，容易栽培，生长期长，产量较高，是夏秋季的主要蔬菜之一。

从现代医学和食品营养学的角度看，茄子的六大功效与作用目前其他果蔬还是无法取代或难以望其项背的，因此，茄子的生产具有特殊意义。茄子营养丰富，含有蛋白质、脂肪、碳水化合物、维生素以及钙、磷、铁等多种营养成分。特别是维生素 E 和维生素 P 的含量很高。每 100 克中含维生素 P750 毫克，这是许多蔬菜水果望尘莫及的，茄子的六大营养价值如下。

1. 抗衰老

茄子含有维生素 E，有防止出血和抗衰老功能，常吃茄子，可使血液中胆固醇水平不致增高，对延缓人体衰老具有积极的意义。

2. 清热解毒

用于热毒痈疮、皮肤溃疡、口舌生疮、痔疮下血、便血、衄血等。中医学认为，茄子属于寒凉性质的食物。所以夏食用，有助于清热解暑，对于容易长痱子、生疮疖的人，尤为适宜。消化不良，容易腹泻的人，则不宜多食，正如李时珍在《本草纲目》中所说："茄性寒利，多食必腹痛下利。"《滇南本草》记载，茄子能散血、消肿、宽肠。所以，大便干结、痔疮出血以及患湿热黄疸的人，多吃些茄子，也有帮助，可以选用紫茄同大米煮粥吃。《本草纲目》介绍，将带蒂的茄子焙干，研成细末，用酒调服治疗肠风下血；《滇南本草》主张用米汤调服，更为妥当，因为肠风下血和痔疮出血，都不宜用酒。把带蒂茄子焙干，研成细末，更常作外用。

3. 治疗冻疮

取冬天地里的茄子秧（连根）2～3 棵用水煎，水开之后再煮 20 分钟，用此水泡洗冻疮患处，同时用茄子秧擦洗患处，2～3 次可治愈。

4. 降血压

茄子有良好降低高血脂，高血压功效，具体方法如下：选用深色长条型，切成段或者丝，用麻酱以酱油调拌而成，在晚餐时分，服用可有效降低和自愈。

5. 防治胃癌

茄子含有龙葵碱，能抑制消化系统肿瘤的增殖，对于防治胃癌有一定效果。此外，茄子还有清退癌热的作用。

6. 消肿止痛

具有清热止血，消肿止痛的功效。

四、茄子生产现状及存在的问题

（一）茄子生产现状

近年来，我国茄子种植的发展呈现如下趋势。

1. 栽培品种专用化

茄子不同栽培方式及生产目的对品种有不同的要求，特别是今后随着茄子标准化生产的发展，要求茄子的各种栽培方式都将有与其相配套的专用优良品种。

2. 设施栽培规模将不断扩大

温室、大棚茄子生产的规模将不断扩大，露地茄子的生产规模将日益减少，茄子的生产和市场供应将日趋均衡。设施栽培具有栽培环境易于控制、产品质量好、受自然条件影响小、栽培期长、产量高、效益高，特别是设施栽培可以根据市场需求灵活调节生产时间、安排栽培茬口、避免产品的上市时间过于集中等一些优点，是蔬菜高产高效栽培的发展方向。同其他蔬菜一样，作为主要的设施蔬菜，茄子设施栽培的规模也将呈不断扩大的趋势。

3. 栽培管理措施更加科学

茄子的生产技术日趋完善，栽培技术将配套化，各种栽培方式都将有与其相适应的科技含量较高的配套栽培管理措施。

4. 管理技术现代化

一些科技含量较高的现代管理技术被普遍推广应用，其中诸如嫁接栽培技术、新法整枝技术、化控技术、再生栽培技术、微灌溉技术等科技含量较高的先进技术将受到重视。

5. 茄子生产已向质量、安全、效益、标准化方向发展

现在人们对蔬菜的品质，尤其是蔬菜的安全卫生特别重视，

国内不少市场已实行蔬菜市场准入制，而国际市场绿色壁垒更加严峻，因此菜农必须生产无公害蔬菜。在无工厂废气、废水、废渣污染的基地种菜；生产过程中不使用剧毒和高残留农药；对症选用高效低毒农药，严格控制浓度、用量、安全间隔期；尽量使用腐熟农家肥，控制使用化学氮肥，避免蔬菜中硝酸盐含量超标，在此基础上生产的有机蔬菜（不使用任何农药、化肥、激素），才能以高价在国内外市场畅销。

茄子实行标准化生产是大势所趋。标准化生产是按照一定的生产流程和操作规范对蔬菜进行生产管理，其主要目的是通过控制茄子的生产环境，减少化肥、农药和其他有害物质的使用量，确保蔬菜生产过程无公害，生产出符合有关质量标准要求的茄子产品。

（二）茄子生产存在的问题

当前制约我国茄子种植效益和质量提高的问题如下。

1. 缺乏综合性状优良的品种

目前大多数茄子品种在结果能力和果实的品质方面表现得比较好，但在抗病性方面，特别是在抗土传病害方面表现得较差。虽然也有一些茄子品种对常见病害具有比较强的抗病性，但在结果能力、果实品质等方面却表现得比较差。

2. 栽培方式单调、落后

目前，我国棚室茄子栽培主要采取的是简易小拱棚栽培形式，高产高效的塑料大棚、温室等大型保护地栽培方式的应用程度还比较差，远远落后于黄瓜、番茄等蔬菜。

3. 茬口安排过于集中

目前我国茄子栽培茬口主要是早春茬与晚春茬，而栽培效益更高的秋冬茬与越冬茬却安排得比较少。全国整体上，茄子的上市时间主要集中在6~9月，造成茄子季节性局部过剩，不仅不能保证茄子全年均衡上市供应的要求，而且由于茄子盛产期价格偏低，也影响了栽培效益。

4. 病虫害危害严重

随着茄子种植面积的扩大，茄子病虫害呈逐渐加重的趋势。由于受品种的抗病能力限制以及茄子严重重茬的影响，加上茄子害虫和病原菌抗药性的不断增强，目前茄子生产上的病虫危害普遍较重。不仅茎叶发病厉害，而且如黄萎病、线虫病等一些土壤传播病害的发生程度也较严重，一些发病严重的地方，特别是重茬严重的保护地里，已到了无法继续种茄子的地步。

5. 种子国产化水平低，质量参差不齐

中国目前优秀茄子种子大部分来自荷兰、日本、法国等国家或其在中国的繁育基地，据中国海关统计资料，2014 年我国茄子种子市场规模为 3.14 亿元，2015 年产品规模增长至 3.76 亿元，较上年同期增长 19.7%。2011–2015 年我国茄子种子的进口量和出口量分别是 2011 年 249.6 吨、27.3 吨；2012 年 269.5 吨、54.9 吨；2013 年 280.8 吨、67.1 吨；2014 年 310.0 吨、34.4 吨；2015 年 313.4 吨、57.8 吨。进口量和出口量虽均呈双增长趋势，但进口量平均仍是出口量的 6.5 倍以上。目前，市场上茄子品种很多，来源复杂，种子质量参差不齐。农民选种时应慎重，以免给自己造成损失。

6. 高新技术推广普及的程度较差

目前，在保护地栽培中，与保护地栽培相配套的新法整枝技术、微灌溉浇水技术、配方施肥技术、病虫害烟剂防治技术、二氧化碳气体施肥技术、化控技术、再生技术等应用得还不够普遍，更多的是把露地茄子栽培的一套做法搬进了温室、大棚内，从而限制了保护地茄子的生产潜力发挥。我国茄子的供应主要是通过增加种植面积来取得的，茄子的单位面积产量与国外发达国家相比仍存在很大的差距。

7. 无公害生产程度偏低

由于追求高产，目前茄子生产中大量使用化肥、农药现象比较普遍，特别是化肥和农药的使用量在一些地方长期居高不下，导致茄子产品中的硝酸盐和农药残留超标。

第二章 茄子栽培的生物学基础

第一节 茄子的植物学特征

（一）根

图 2-1 茄子的根

茄子的根为直根系，根系发达，主根入土可达 1.3～1.7 米，最深可达到 2 米，主要根群分布在 0～33 厘米土层中，横向伸长可达 1.0～1.3 米（图 2-1），根系木质化较早，损伤后再生能力较差，不定根发生能力较弱，根系再生能力差，不宜多次移植，因此，在移栽和管理过程中，尽量避免伤根，育苗最好采用穴盘基质、营养钵、营养方块育苗。根系对氧要求严格，土壤板结影响根系发育，地面积水能使根系窒息，地上部叶片萎蔫枯死。

（二）茎

图 2-2 茄子的茎

茄子的茎粗壮、直立性强，木质化程度较高，在热带是灌木状直立多年生草本植物，一般株高 80～100 厘米，高者 2 米以上（图 2-2），早熟种主茎叶片长到 5～8 片后，顶芽发育成花芽，成为第一朵花；中晚熟种8～9 片叶，形成第一朵花。茄子叶为单叶互生，多为长椭圆形。当顶芽形成花芽之后，花下相邻的两个叶腋间则发生侧芽，形成二次分枝，代替主茎，两个侧枝呈"Y"形，几乎均衡生长。当侧枝长出 2～3 叶后，顶芽又形成花芽，然后侧枝又形成二次分枝，以此类推。第一朵花形成的果实称为"门茄"或"根茄"，分枝习性为假二杈分枝即按 N = 2X（N 为分枝数，X 为分枝级数）的理论数值不断向上生长。每一次分枝结一次果实，按果实出现的先后顺序，习惯上称之为"门茄""对茄""四母斗""八面风""满天星"（图 2–3）。

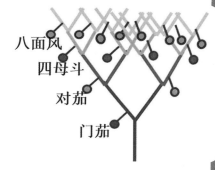

图 2–3　茄子"门茄""对茄""四母斗""八面风"示意图

　　茄子所有的叶的叶腋间都有潜伏的腋芽，在一定的条件下，都可以形成侧枝，并开花结实。但有些侧枝形成晚，长势弱，结果晚，不仅与其他结果枝争夺养分，还影响通风透光，造成田间郁闭，因此，生产上要及时将这些腋芽抹掉。实际上，一般只有 1～3 次分枝比较规律。由于果实及种子的发育，特别是下层果实采收不及时，上层分枝的生长势减弱，分枝数减少。

（三）叶

　　茄子的叶为单叶、互生，叶形状呈多样化，长多裂形、椭圆形、长椭圆形、卵圆形等均有，叶较大，长 8～18 厘米或更长，宽 5～11 厘米或更宽，先端钝，基部不相等（图 2–4），边缘浅波状或深波状圆裂，上面被 3～7 分枝短而平贴的星状绒毛，下面密被 7～8 分枝较长而平贴的星状绒毛，侧脉每边 4～5 条，在上面疏被星状绒毛，在下面则较

图 2–4　茄子的叶

密，中脉的毛被与侧脉的相同（野生种的中脉及侧脉在两面均具小皮刺），叶柄长 2～4.5 厘米（野生的具皮刺）。茄子叶片（包括子叶在内）形态的变化与品种的株形有关：株形高大，枝条开张的一般叶片狭长，呈椭圆形；而株形矮小、枝条紧凑的叶片较宽，呈卵圆形。叶片颜色也与果色有关，紫茄品种的嫩枝及叶柄带紫色，白茄和青茄品种呈绿色。光合作用的最强时间是叶龄 15～35 天，叶龄超过 35 天光合作用下降。

（四）花

茄子的花为两性花，花瓣 5～6 片，基部合成筒状，白色或紫色（图 2-5）。开花时，花药顶孔开裂散出花粉，花萼宿存，上具硬刺。根据花柱的长短，可分为长柱花、中柱花及短柱花。长柱花的花柱高出花药，花大色深，为健全花，能正常授粉，有结实能力。中柱花的柱头与花药平齐，能正常授粉结实，但授粉率低。短柱花的柱头低于花药，花小，花梗细，为不健全花，一般不能正常结实。茄子花一般单生，但也有 2～3 朵簇生的。簇生花通常只有基部一朵完全花坐果，其他花往往脱落，但也有同时着生几个果的品种。

图 2-5 茄子的花 白色花

茄子在长出 3～4 片叶时进行花芽分化，分苗时要避开此时期。茄子一般是自花授粉，少数异花或异株授粉，自然杂交率低，晴天 7：00-10：00 时授粉，阴天下午才授粉；茄子花寿命较长，花期可持续 3～4 天，夜间也不闭花，从开花前 1 天到花后 3 天内都有受精能力，所以日光温室冬春茬茄子虽然有时温度很低，但仍能坐果。

（五）果实

茄子的果实为浆果，果皮、胎座的海绵组织为主要食用部分。果实形状、颜色因品种而异，形状多为圆形或长形，颜色呈紫色、暗紫色、黑紫色、赤紫色、绿色、青色、白色、暗红色和花色等等，以紫红色居多（图2-6、图2-7、图2-8）。圆茄品种果肉致密，细胞排列呈紧密结构，间隙小；长茄品种果肉细胞排列呈松散状态，质地细腻。

图2-6 茄子的果实颜色 黑紫茄

果实的发育期为50～60天，茄子授粉后，花冠脱落，萼片宿存，当幼果突出萼片时，称为"瞪眼期"，也是茄果进入迅速膨大的开始。此期加强肥水管理，果实就长的大，产量就高。如果在管理上短肥缺水，则果实发育慢，产量低。有些果实在发育过程中，由于受到不良条件的影响和生理障碍而形成畸形果、裂果和僵果等。

图2-7 茄子的果实颜色 白茄

图2-8 茄子的果实颜色 花茄（例安吉拉）

图2-9 茄子的种子

（六）种子

茄子的种子发育较晚，一般在果实将近成熟时才迅速发育和成熟。种子为扁平肾形、卵形或圆形，黄色或褐色，新种子有光泽（图2-9）。千粒重4~5克，种子寿命4~5年，使用年限2~3年。

第二节 茄子的生长发育周期

一、发芽期

从种子萌动至第一片真叶出现为止，茄子发芽期较长，一般需要10~12天，播种后注意提高穴盘基质或苗床温度，发芽期能否顺利完成，主要决定于温度、湿度、通气状况及覆土厚度等。

二、幼苗期

从第一片真叶出现至门茄现蕾，需50~60天。茄子幼苗期经历两个阶段：第一片真叶出现至2~3片真叶展开，即花芽分化前为基本营养生长阶段，这个阶段主要为花芽分化及为进一步生长打下基础，幼苗于2~3片真叶时开始花芽分化，花芽分化之前，幼苗以营养生长为主，生长量很小；2~3片真叶展开后，花芽开始分化，进入第二阶段，即花芽分化及发育阶段，从这时开始，营养生长与花芽发育同时进行，即从花芽分化开始转入生殖生长和营养生长同时进行，这一阶段幼苗生长量大。分苗应在花芽分化前进行，以扩大营养面积，保证幼苗迅速生长和花器官的正常分化。一般情况下，茄子幼苗长到3~4片真叶、幼茎粗度达到0.2毫米左右时就开始花芽分化，长到5~6片叶时，就可现蕾。

三、开花坐果期

从门茄现蕾至门茄"瞪眼"（图2-10），需 10 ~ 15 天。茄子果实基部近萼片处生长较快，此处的果实表面开始因萼片遮光不见光照呈白色，等长出萼片外见光 2 ~ 3 天后着色。其白色部分越宽，表示果实生长越快，这一部分称"茄眼睛"（图2-11）。在开始出现白色部分时即为瞪眼开始，当白色部分很少时，表明果实已达到商品成熟期了。开花着果期为营养生长为主向生殖生长为主的过渡期，此期适当控制水分，可促进果实发育。

图 2-10　门茄"瞪眼"

四、结果期

从门茄"瞪眼"到拉秧为结果期。门茄"瞪眼"以后，茎叶和果实同时生长，光合产物主要向果实输送，茎叶得到的同化物很少。这时要注意加强肥水管理，促进茎叶生长和果实膨大；对茄与"四母斗"结果期，植株处于旺盛生长期，对产量影响很大，尤其是设施栽培，这一时期是产量和产值的主要形成

图 2-11　萼片下白色部分被
称为"茄眼睛"

期；"八面风"结果期，果数多，但较小，产量开始下降。每层果实发育过程中都要经历现蕾、露瓣、开花、瞪眼、果实商品成熟到生理成熟几个阶段。

第三节　茄子对环境条件的要求

一、温度

茄子原产于热带，喜温不耐寒，喜较高温度，是果菜类中特别耐高温的蔬菜。生长发育适温为 25～30℃。温度高于 35℃或低于 17℃植株生长缓慢，花的分化时间加长，授粉和果实发育受到一定影响，尤其是花粉管伸长受到影响，而造成落花或形成小果或畸形果。15℃以下引起落花落果，13℃以下停止生长，7～8℃则发生冷害，0℃时植株受冻死亡。种子萌发的适宜温度为 25～30℃，根系生长的最适温度为 28℃。花芽分化适宜温度为日温 20～25℃，夜温 15～20℃。在一定温度范围内，温度稍低，花芽分化稍有迟延，但长柱花多；反之，高温下花芽分化提前，但中柱花和短柱花比例增加，尤其在高夜温下（高于 20℃）影响更为显著，落花增加。

茄子的不同生育阶段对温度的要求不同，出苗至真叶显露要求白天 20℃左右，夜间 15℃左右，发芽期的适宜温度为25～30℃，最低温度为 11～18℃，11℃恒温条件下则不发芽，苗期白天气温以 25～30℃为宜，夜间以 15～18℃为宜。开花结果期以 30℃左右为好，夜间以 16～20℃为宜。温度低于 15℃果实生长缓慢，温度高于 35～40℃以上，植株呼吸旺盛，营养消耗大，花期发育不良，果实生长缓慢，易造成落花和畸形果、僵果。

二、光照

茄子对光照强度和光照时间等要求较高，喜欢较强的光照条件，光饱和点为 4 万勒克斯，补偿点为 2 千勒克斯。光照弱或光照时数短，光合作用能力降低，植株长势弱，花的质量降低，短柱花增多，产量降低。且色素不易形成，尤其紫色更为明显，不易上色，果实着色不良。光照充足植株健壮，花芽分化早，门茄着生结位低，前期产量高。故日光温室栽培茄子要合理稀植，及时整枝，以充分利用光能。

茄子虽然是短日照植物，但对光周期反应不敏感，每天给予14小时以上的光照，花芽都有可能分化，长光照植株生长旺盛，花芽分化早，花期提前。但给予全天光照则植株大部分叶片脱落。光照不足，植株长势弱，叶片薄，花芽分化晚，短柱花多，结果率低。

三、水分

茄子根系发达，较耐旱，但因枝叶繁茂，分枝多，植株高大，叶片大而薄，蒸腾作用强，开花结果多，故需水量大，但湿度大病害加重，适宜土壤湿度为田间最大持水量的70%～80%，适宜空气相对湿度为70%～80%，空气湿度过高易引发病害，如果空气湿度在85%以上，时间稍长则易导致茄子绵疫病的发生和蔓延，且造成授粉困难，落花落果。茄子对水分的要求，不同生育阶段有差异。门茄坐住以前亦即"瞪眼期"之前需水量较小，"瞪眼期"之后亦即盛果期需水量大，采收后期需水少。若土壤水分不足，植株和果实生长慢，果面粗糙，品质差。因此，在保护地栽培过程中，既要注意浇水，保持适宜的土壤含水量，又要防止土壤和空气的湿度过大。日光温室茄子栽培，温度与水分往往发生矛盾：为保持地温，不能大量灌水，但水分还要满足植株生长发育需求。水分不足，植株易老化，短柱花增多，果肉坚实，果面光滑度差。茄子根系不耐涝，土壤过湿，易沤根。

四、土壤营养

茄子对土壤适应性较广，对土壤要求不太严格，在各种土壤都能栽培，但以土质疏松肥沃，有机质含量高，保水保肥力强，通气良好的壤土和沙壤土栽培最好，适宜土壤 pH 值为 6.8～7.3。茄子生长量大，产量高，需肥量大，尤以氮肥最多，其次是钾肥和磷肥。整个生长期施肥原则是前期施氮肥和磷肥，后期施氮肥和钾肥，氮肥不足，会造成花发育不良，短柱花增多，影响产量。一般每生产1 000千克茄子，需吸收氮 3.0～4.0 千克，磷 0.7～1.0千克，钾 4.0～6.6 千克。茄子生长期长，根系发达，喜欢高肥力的土壤和较高施肥量，氮磷钾配合施用能使植株健壮，促进花芽分化，产量高，如氮素缺乏，不仅植株弱小，而且开花晚，结果少，产量低。苗期需磷较多，若磷不足则影响根系发育，发根缓慢，根系明显减少，磷充足不仅根系发达，而且苗子粗壮，花芽分化也早。茄子在盛果期对氮、磷、钾需要量较多，如果此期氮肥不足，短花柱花增多，结实率降低。钾是茄子株体形成、开花、结果所必需的重要元素，满足其对钾的需要，不仅植株健壮，而且产量高，品质好。根据茄子的生命周期，根系较深的特点，应尽量多施有机肥，深施底肥。

第三章　茄子棚室的选址与建造

第一节　茄子棚室的选址、规划与设计

一、选址

1. 较为适宜的地块

（1）远离污染源。土壤、水源、大气均达到农业标准化生产环境要求。

（2）土壤。土层深厚，无障碍层，肥力较高，壤土（黏砂适中），地下水源有保证，地下水位较低。

（3）地形地势。地形平坦，地势开阔，最好背风向阳，北高南低。

（4）交通便利，但要与交通主干道保持适当距离，一般应在 100 米以上，或者中间有高大树木等隔离物（图 3-1）。

2. 不适宜建温室的地块

周围有化工厂等污染源，或靠近交通主干道，会严重影响蔬菜的安全品质，不适宜建棚；周围有高大的楼房、树木等，会对冬暖式日光温室遮阴，也不适宜建棚；风口处不适宜建温室，在山区丘陵，或平原林带，有风力明显偏高的地块，冬暖式日光温室建在风口上，既不利于保温，也易发自然灾害，造成损失；涝洼地，这类地块雨季易发生内涝，冬季棚内湿度很难降低，往往病

图 3-1　号称"中国茄子之乡"的拥有 6 万座茄子日光温室的山东省寿光市纪台镇的茄子日光温室集中产区群

害高发，成本提高，产量、品质下降。

二、规划

1.棚型选择

根据经济能力选择，一般来说，砖墙造价高于土墙，无立柱造价高于有立柱。

根据地形地势选择，地势较高，土层深厚的地块尽量选择土墙，建半地下式温室，既节省成本又有利于冬季保温；北高南低的梯田斜坡可以顺坡就势，在北侧挖筑土墙，梯次建棚，既节约成本又高效利用土地；地下水位较高或土层瘠薄有障碍层的地块只能选择砖墙，一定不能选择半地下式土墙温室，否则，雨季易发生内涝，甚至发生温室垮塌现象。有些块地下水位较高，不适合建半地下式土墙温室。

为节省利用土地，提高投资利用率，砖墙温室可以选择在温室的背面建后冷棚，或选择长后屋面温室。所谓后冷棚就是在冬暖式日光温室的后面，以后墙为支撑，往北顺势搭建一斜面拱棚，因冬季过于阴凉，不能种植任何蔬菜，只能在春夏秋发展生产而得名。后冷棚有四大优点：一是充分利用了原有闲置的土地，提高了土地利用率；二是保护了温室后墙，增加了冬季保温性能；三是投资省，以原有后墙做支撑，节省了一排立柱；四是增加了经济效益。长后屋面温室就是由通常投影宽 1 米的后屋面扩大到投影宽 2~2.5 米，既能增加温室的保温性，又在走道的北侧增加一畦叶菜。但后屋面的扩大应适度，后屋面扩大的同时，建筑成本也相应增加。

根据经营方式选择，集约化、规模化经营应选择双拱内保温冬暖式日光温室。单拱冬暖式日光温室是针对一家一户家庭经营小规模生产发明设计的，生产不计劳动成本，受风、雨、雪等外界气象因素影响太大，经常发生大风把保温被掀开、雨水把保温被淋湿等情况，下了大雪还要人工除雪等，既麻烦又危险。而双拱内保温温室很好的解决了上述问题，保温被放在里面，不受风雨雪的影响。

2. 跨度、长度

一般来说，砖墙温室的跨度要适当控制，一般以 10 米为宜，不应超过 12 米。跨度越大，温室的脊高越高，墙体的高度随之提高，对墙体、棚架强度和建筑工艺的要求也越高，会导致投资过高，投入产出比下降；棚体的承载力下降，发生灾害的风险提高。半地下式土墙温室因土墙建造成本较低，相比更加牢固，可以适当加大跨度，但不宜超过 15 米。长度应根据地块长度和卷帘机工作长度决定，一般 80～100 米，不应超过 120 米（图 3-2）。

图 3-2　山东省寿光市纪台镇前老庄村茄子日光温室

3. 间距

南北相邻温室的间距至少应为前栋温室最高点（包括保温被）到地面高度的 2.5 倍。间距过小，南边的温室会影响北边温室的采光。

三、设计

冬暖式日光温室的设计主要包括三个方面。

1. 承载力设计

做好温室的承载力设计是抵御自然灾害、保证使用寿命的最起码要求。温室各部位的承载力必须大于可能承受的最大荷载量。荷载量的大小主要应依据当地 20 年一遇的最大风速、最大降雪量（或冬季降水量），以及覆盖材料的重量。温室的承载力设计主要应考虑以下两个方面。

（1）棚面骨架的承载力。主要包括四个方面：风力、降水降雪等气象因素产生的变量荷载，吊挂蔬菜所产生的变量荷载，骨架自身、卷帘机、保温被等的不变量荷载，后屋面产生的不变量荷载。综合考虑以上各方面因素，北方的冬暖式日光温室一般可按 100～120 千克 / 平方米设计。

（2）温室墙体的承载力。主要包括两个方面：一是自身、棚面骨架的承载、后屋面等产生的向下压力；二是棚面骨架荷载产生的横向拉力或推力。应综合考虑上述作用力，按20年一遇的最大量设计墙体的承载力。现在推广的半地下式土墙温室的墙体是用挖掘机逐步压实的，承载力足够，但在雨季应严防内涝发生，以防泡软地基。砖墙因成本较高，在实际建造应用中，因材料强度不够、厚度过小等各种原因经常出现承载力不够的现象，导致墙倒棚塌，使用寿命大大缩短。在尽量降低温室造价的同时为增加砖墙的承载力，可以每隔2~3米建一"T"形墙（俗称墙垛），在两侧山墙的最高点应增加2~3道"T"形墙。另外，建造后冷棚可以抵消部分后墙的横向推力，增加墙体强度。

2. 保温性设计

温室的保温性和采光性设计直接关系到蔬菜的产量和品质的高低，直接影响的种植经济效益。温室的保温性能取决于墙体、后屋面、前屋面三部分的整体保温性能。

整体保温效果应达到：在最寒冷季节晴天时，室内外温度差最低不少于20℃，连续阴天不超过5天时，室内外温差不小于15℃。

一般来说，土墙的保温性好于砖墙，后屋面越长保温性越好，有后冷棚的好于没有后冷棚的，半地下的好于地上的，双拱好于单拱。

在实际生产中，温室保温性设计在4个方面容易出现问题，一是墙体太薄，或有裂缝；二是后屋面的保温性没有得到充分重视，不少温室墙体和保温被的保温性能很好，而后屋面的保温性很差；三是进出口和放风口漏气；四是存在热桥，常见的是温室前脚的一道水泥矮墙。

3. 采光性设计

采光性好的冬暖式日光温室蔬菜产量高，病害少，反之，产量低，病害重。影响冬暖式日光温室采光性主要有3方面的因素。

（1）采光屋面角。采光屋面角的大小首要考虑增加采光量，同时应兼顾节省建造成本、适当增加温室跨度、提高设施利用率三方面主要因素。山东地区冬暖式日光温室基本结构设计参数如下：

（2）采光屋面形状。多采用圆面与抛物面复合型。

（3）建棚方位。一般坐北朝南，可根据地块朝向选择偏东或偏西，但偏向不应超过 5°。偏向过大不但影响温室的采光，还影响保温性能。

另外，半地下式即所谓下挖式土墙温室的南侧保留土层高度不应超过 0.8 米。

四、日光温室（冬暖大棚）建造技术规范

（一）确定日光温室结构参数的依据

1. 日光温室的承载力

日光温室各部位的承载力必须大于可能承受的最大荷载量。荷载量的大小主要依据当地 20 年一遇的最大风速、最大降雪量（或冬季降水量），以及覆盖材料的重量。由于在日光温室建造时，墙体的承载力一般都大于其可能承受的荷载量。因此，墙体承载力可以不考虑，主要考虑骨架和后屋面的承载力。以济南地区为例，按其最大风速 17.2 米 / 秒，最大积雪厚度 190 毫米，干苫重 4 ~ 5 千克 / 平方米（雨雪淋湿加倍计算），再加上作物吊蔓荷载、薄膜荷载、人上温室时局部荷载等，济南地区日光温室骨架结构的承载力标准，可按平均荷载 0.7 ~ 0.8 千牛 / 平方米，局部荷载 1.0 ~ 1.2 千牛 / 平方米设计，其他地区可据此适当调整。

2. 日光温室的保温性能

日光温室的保温性能取决于墙体、后屋面、前屋面三部分的保温性能。

整体保温效果应达到：在最寒冷季节晴天时，室内外最低温度相差 20 ~ 25℃，连续阴天不超过 5 天时，室内外温差不小于 15℃。墙体具承重、隔热、蓄热功能，其热阻值 R 应达到 1.1 平方米·℃ / 瓦以上。若用砖砌墙，可为 24 厘米砖（外墙）＋ 18 厘米珍珠岩（或 5 厘米苯板）＋ 24 厘米或 12 厘米砖（内墙），总墙体厚度为 54 ~ 66 厘米；若用土或土坯砌墙，墙体厚度为 80 ~ 100 厘米。寿光型日光温室后墙横截面呈梯形，下宽 350 ~ 450 厘米，

上宽 100~150 厘米。

后屋面具承重、隔热、蓄热、防雨雪功能，其热阻值应与墙体相近，应由蓄热材料、隔热材料、防漏材料组成，总体厚度30~35 厘米。

前屋面（采光屋面），具采光和保温功能。前屋面散热面积大，须采用热阻值大重量轻的覆盖材料，并便于管理。不透明覆盖物采用草苫时，重量应达 4~5 千克/平方米。采用保温被时，厚度应大于 3 厘米。

3. 日光温室采光屋面参考角与形状

日光温室经济实用的采光屋面（前屋面）参考角的确定，应在有利于增加采光量、节省建造成本、适当增加温室跨度、提高设施利用率的原则下加以确定。据试验和测算，山东日光温室采光屋面参考角以 230°~260° 为宜。纬度高、冬季温度低的地区，采光屋面参考角可大些；纬度低、冬季温度高的地区，采光屋面参考角可小些。采光屋面形状采用圆面与抛物面复合型，或拱圆型。

4. 日光温室结构参数

脊高为日光温室的高度；后跨为脊柱到后墙的距离；前跨为脊柱到前棚沿的水平距离；前屋面角指的是日光温室立柱的顶端到棚前沿它们之间的连线与地平面之间的夹角；后屋面角的仰角指的是后屋面的延长线与地面之间的夹角（表3-1）。

表3-1　山东Ⅰ型、Ⅱ型、Ⅲ型、Ⅳ型、Ⅴ型日光温室结构参数

类型脊高（厘米）	后跨（厘米）	前跨（厘米）	前屋面角（度）	后墙高（厘米）	后屋面角
Ⅰ 310~320	70~80	620~630	26.2~27.3	210~220	45
Ⅱ 330~340	90~100	690~710	24.9~25.9	230~240	45
Ⅲ 360~370	100~110	790~800	24.2~25.1	240~260	45~47
Ⅳ 380~400	100~120	800~880	22.9~24.4	260~280	45~47
Ⅴ 420~430	120~130	970~980	23.2~23.9	290~310	45~47

（二）日光温室选址与场地规划

1. 选址条件

土壤条件，要求土层深厚，地下水位低，富含有机质，适合种植蔬菜的土壤。周围无遮阴物；有较好的通风条件，但不要建在风口处；灌水、排水方便，具备田间电源。

2. 温室面积

日光温室长度以 60 ~ 80 米为宜，单位面积造价相对较低，室内热容量较大，温度变化平缓，便于操作管理。

3. 温室方位

日光温室方位座北朝南，东西延长，其方位以正南向为佳；若因地形限制，采光屋面达不到正南向时，方位角偏东或偏西不宜超过 5°。

4. 前后温室间距

为防止前栋温室对后栋温室遮光，前后温室的间距应为前栋温室最高点高度的 2.5 ~ 3 倍。

（三）日光温室的建造

1. 墙体

（1）土墙。可采用板打墙、草泥垛墙、土坯砌墙。墙基部宽 100 厘米，向上逐渐收缩，至顶端宽 80 厘米。碾压切墙与推土机筑墙，墙体基部宽 350 ~ 450 厘米，顶部宽 100 ~ 150 厘米。打墙、垛墙、砌墙等方式多在墙内侧铲平抹灰，墙顶可用水泥预制板封严，以防漏雨坍墙。而砌墙则可用塑料布护墙。

（2）空心砖墙。

①墙基：为保证墙体坚固，需开沟砌墙基。墙基深度一般应距原地面 40 ~ 50 厘米，挖宽 100 厘米的沟。填入 10 ~ 15 厘米厚的掺有石灰的二合土，夯实。然后用石头（或砖）砌垒。当墙基砌到地面以上时，为了防止土壤水分沿墙体上返，需在墙基上铺两层油毡纸或 0.1 毫米厚的塑料薄膜。

②砌墙：用砖砌空心墙，内、外两侧墙体之间每隔 3 米砌砖

埭，连接内外墙，也可用预制水泥板拉连，以使墙体坚固。砌空心墙时，要随砌墙，随往空心内填充隔热材料。墙体宽度因填充的隔热材料不同而异。两面砖墙内填干土的空心墙，墙体总厚度为 80 厘米，即内、外侧均为 24 厘米的砖墙，中间填干土。若两面砖墙中间填充蛭石、珍珠岩等轻质隔热材料，墙体总厚度可为 55～60 厘米，即外侧墙 24 厘米墙，内侧墙砌 12 厘米墙，中间填蛭石或珍珠岩等。

山东Ⅲ型等内跨度 9 米以上的日光温室，北墙应设双层通风窗，即在距地面 20 厘米处，每 3 米埋设直径为 30 厘米的陶瓷管，为进风口；地面上高 150 厘米处，设 50 厘米 × 40 厘米的通风窗（又称热风出风口）。12 月至 2 月期间应关闭封严通风口。

2. 后屋面

有后排立柱的日光温室可先建后屋面，后上前屋面骨架。为保证后屋面坚固，后立柱、后横梁、檩条一般采用水泥预制件（或钢材）。后立柱埋深 40～50 厘米，须立于石头或水泥预制柱基上，上部向北倾斜 5～10 厘米，防止受力向南倾斜。后横梁置于后立柱顶端，东西延伸。檩条一端压在后横梁上，另一端压在后墙上。将后立柱、横梁、檩条固定牢固。然后可在檩条上东西方向拉 6～9 根 10～12 号的冷拔钢丝，两端锚于温室山墙外侧地中。其上铺 2 层苇箔，抹 4～5 厘米厚的草泥，再铺 20 厘米厚的玉米秸捆，用麦秸填缝、找平，上盖一层塑料薄膜，再铺盖 5 厘米厚的水泥预制板，泥缝。为便于卷放草苫，可再距屋脊 60 厘米处，用水泥做一小平台。在拉铁丝后，也可先铺一层石棉瓦，上盖一层塑料薄膜，再铺 5 厘米厚的蛭石，上盖 5 厘米厚的苯板，之上加盖 5 厘米厚水泥预制板，外铺 1：3 水泥砂浆炉渣灰抹斜坡，上坡下平，厚度 5～15 厘米，便于人操作时走动。

3. 骨架

（1）水泥预件与竹木混合结构。该型结构特点为：立柱、后横梁由钢筋混凝土柱组成；拱杆为竹竿，后坡檩条为圆木棒或水泥预制件。

①立柱：分为后立柱、中立柱、前立柱。后立柱：10 厘米 × 10

厘米钢筋混凝土柱，中立柱：9厘米×9厘米钢筋混凝土柱，中立柱因温室跨度不同，可由1排、2排或3排组成。前立柱：8厘米×8厘米钢筋混凝土柱。

②横梁与拱杆：后横梁：10厘米×10厘米钢筋混凝土柱，前纵肋：直径6~8厘米圆竹。后坡檩条：直径10~12厘米圆木，主拱杆：直径9~12厘米圆竹。副拱杆：直径5厘米左右圆竹。

③钢丝：东西向拉琴弦：10~12号冷拔钢丝，每25~30厘米一道，绑拱竿、横杆：12号铁丝。

（2）钢架竹木混合结构。特点：主拱梁、后立柱、后坡檩条由镀锌管或角铁组成，副拱梁由竹竿组成。

①主拱梁：由直径27毫米国标镀锌管（6分管）2~3根制成，副拱梁：直径5毫米左右圆竹。

②立柱：直径50毫米国标镀锌管。

③后横梁：50毫米×50毫米×5毫米角铁或直径60毫米国标镀锌管（2寸管）；中纵肋、前纵肋（或纵拉杆）直径21毫米、27毫米国标镀锌管或直径12毫米圆钢。

④后坡檩条：40毫米×40毫米×4毫米角铁或直径27毫米国标镀锌管（6分管）。

⑤钢丝：东西向拉琴弦：10~12号冷拔钢丝，25~30厘米一根。绑拱杆、横杆：12号铁丝。

（3）钢架结构。特点：整个骨架结构为钢材组成，无立柱或仅有一排后立柱，后坡檩条与拱梁连为一体，中纵肋（纵拉杆）3~5根。

①主拱梁：直径27毫米国标镀锌管2~3根；副拱梁：直径27毫米国标镀锌管1根。

②立柱：直径50毫米国标镀锌管。

③后横梁：40毫米×40毫米×4毫米角铁或直径34毫米国标镀锌管；后坡纵肋：直径21毫米或27毫米国标镀锌管2根；中纵肋：直径21毫米国标镀锌管；前纵肋：直径21毫米国标镀锌管。

4. 外覆盖

（1）透明覆盖物日光温室透明覆盖物主要采用 PVC 膜（厚度 0.1 毫米），PE 膜（厚度 0.09 毫米），EVA 膜（厚度 0.08 毫米）。

薄膜透光率使用后 3 个月不低于 85% 使用寿命，大于 12 个月流滴防雾持效期，大于 6 个月。

（2）不透明覆盖日光温室不透明保温覆盖材料主要有：草苫、保温被等。

①草苫用稻草或蒲草制作：山东各地以稻草制作的草苫为主。宽度 120~150 厘米，重量 4~5 千克/平方米，长度依温室跨度而定，紧密不透光。

②保温被：由棉花、晴纶棉、镀铝膜、防水包装布等多层复合缝制而成。厚度 3 厘米。质轻、蓄热保温性好，防雨雪，使用寿命 5~8 年。

第二节　茄子棚室类型与建造

一、类型

（一）日光温室

1. 土墙体冬暖式日光温室

全堆土式后墙目前是保温性能最好、吸收热能与释放热能最佳，也是菜农最乐于接受和普遍使用的温室，后墙从地面堆土，高度直达后坡，土堆宽度可达 3～5 米，推土机碾压和切墙是土墙体冬暖式日光温室建造的两大关键步骤，建造墙体时先用推土机压实墙底，防备地基下沉，南北初始宽度要求在 6～8 米；第二步再用挖掘机上土，每次上 70 厘米厚的松土，用挖掘机来回滚压 2～3 次；最后用推土机把墙顶压实。切墙的技术也比较重要，用挖掘机切棚墙时，要有一定的倾斜度，上窄下宽，倾斜度在 6°～10° 为好，日光温室三面墙整体呈簸箕状。成型的墙体厚度，依纬度不同地区而异，以寿光为代表的山东地区菜农使用的墙体基部厚度一般为 350～450 厘米，顶部厚度一般为 100～150 厘米；而在山东泰安市的新泰市，土壤沙石化比较严重，有些乡镇近年来建造的土墙体温室，墙体基部厚度不得不改为 850～900 厘米，顶部厚度一般为 150～200 厘米，倾斜度在 15°～20°，亦即沙石化严重地区墙体不能切得像寿光的墙体一样陡。

机筑黏土墙在寿光棚室蔬菜产区最为普遍，这种墙体在寿光类型的温室上被称为最广泛使用的类型。建造要点是建造时使用一台挖掘机和一台链轨推土机配合施工，挖掘机在指定地点堆土，推土机来回推土并碾压，最终切墙目标是底宽 4～5 米，顶宽 1.5～2.0 米，高 3.0 米左右，根据用户要求的土墙高度和土壤黏性情况，用挖掘机切削出向北倾斜至少 5° 的坡，如果棚体地面下挖 0.5～0.8 米，实质相当于后墙和山墙又增加了一定的施工高度与使用高度（图 3-3），但下挖深度原则上不建议超过 0.4 米。这种墙体优点是保温蓄热性能良好，而且外观看整体高度低矮，防风防灾性能优异，

画说棚室茄子绿色生产技术

图3-3 利用挖土机大型铲斗的铲齿切整温室后墙

造价低廉，缺点占地比较大，浪费土地。此类钢结构日光温室亩（1亩≈667平方米，全书同）造价在11万～13万。

2.砖墙体冬暖式日光温室

砖墙体冬暖式日光温室适合于土层瘠薄、土壤沙石化严重、切不住土墙体的地区，但造价高于土墙体日光温室，一般亩造价在18万～20万元，而且，蓄热和释放热量能力不如土墙体日光温室，亦即昼夜间温度变化幅度比较急剧，对棚内植物生长不利。

（1）单质普通砖砌墙。这种墙体是由砌块和砂浆砌筑而成。

图3-4 砖墙体冬暖式日光温室

砌块又分为普通红砖、加气混凝土砖和空心砖三类，其中普通红砖因浪费土地，污染环境，以逐步被加气混凝土砖取代（图3-4）。砌墙采用内外搭接、上下错缝的原则，以免形成垂直贯通缝，影响使用，且每隔一段距离，可设置墙垛。

（2）异质复合墙体。

①夹层墙：内外层为砖砌块，中间填充炉渣、珍珠岩、岩棉等蓄热材料，该墙体蓄热能力较强，能很好的满足植物生长，且放热均匀，持续时间长。

②空心墙：内外层为砖墙，中间隔层为空气，并且用钢筋或水泥构件连接，以增加墙的稳定性。这种墙体由于中间为空气，蓄热能力有限，其蓄热能力大大逊色于黏土墙，且放热不均匀，不持续。

26

（二）塑料大棚

1. 塑料大棚的特点

塑料大棚是目前我国设施园
艺中使用最广泛的棚室，超过日
光温室的推广使用范围和面积，
原因是塑料大棚一般不用边墙，
只用骨架建成棚形，覆盖塑料薄
膜，根据具体情况覆盖或不覆盖
不透明保温物（图3–5）。在北
纬36°以南地区的塑料大棚，可
以越冬栽培许多耐寒喜温性蔬菜

图3–5　建设中的单栋钢管大棚

作物，结构简单，容易建造，当年投资少，有效栽培面积大，作
业方便。北纬34°以北地区，塑料大棚可与日光温室搭配使用，
可抢前、错后、间作、套种、提高复种指数，充分发挥塑料大棚
的优势，特别是早春和秋延的优势明显，获得了高产高效益。但是，
与日光温室相比，塑料大棚因保温性较差，在我国北方地区，茄子、
番茄、辣椒等喜温作物，若用塑料大棚保护栽培，不能正常生长
安全越冬。所以，在北方推广使用面积明显小于南方。

适合我国的蔬菜栽培棚室绝大部分还是塑料大棚，大棚形式
多种多样，按骨架材料可分为竹木大棚与钢管大棚；按大棚的栋
数可分单栋大棚与连栋大棚。目前，绝大多数农户搭建的是竹木
大棚，它造价低，造价为5～6元/平方米，但强度较差、寿命短，
仅2年左右，并具有抗灾能力弱、操作管理不便等缺点。而连栋
大棚，由钢管构成，强度大（寿命长达15年）、抗灾能力强（一
般能抗10级台风）；棚体高大，通风采光条件好，土地利用率高，
操作管理方便，但造价高（造价80元/平方米以上），农户与一
般企业都无法承受。单栋钢管大棚，不仅具有连栋大棚的优点，
并且造价低得多，25～30元/平方米，农户可考虑用此取代竹木
大棚。

2. 塑料大棚的类型

目前基本分两类5型，一是竹木结构类大棚，其又分为竹木结构多柱型大棚和竹木悬梁吊柱型大棚。二是钢架结构类大棚，其又分钢管骨架无柱型大棚、拉钢筋吊柱型大棚和装配式镀锌薄壁钢管大棚。总体看，目前呈如下发展趋势，一是跨度、高度、长度向扩大方向发展，以跨度12～16米、中高3～4米、长度60～80米者居多，近年又出现更大跨、高、长的特大型塑料大棚。二是棚型向流线型拱弧面方向发展，抵抗风灾能力不断增强。三是向预制件、事先在工厂完成弯曲角度等一系列工序，数控椭圆管成型、弯弧一次成型机应用广泛，尽量一根钢架连接固定两端地基，在施工现场尽量减少生锈焊点，卡扣式或螺丝式组装的方向发展，原来需要数日完成的工期，现在当日能够完成。四是椭圆管、几型钢、"C"形钢、花子梁等新材料、新工艺也快速渗透到塑料大棚建造实践之中。

3. 材料选择

建造单栋钢管大棚，必须选择既能防锈，又较牢固（具有抗风、雪能力）的钢管。要求为热镀镀锌钢管，钢管直径28～32毫米，壁厚1.5毫米。

4. 地块与方向的选择

蔬菜大棚应建在地势高燥（地下水位低）、排灌方便、土壤肥沃的地块上；大棚一般要求为南北走向，排风口设在东西两侧。这样，一是有利于棚内湿度的降低；二是减少了棚内搭架栽培作物、高秆作物间的相互遮荫，使之受光均匀；三是避免了大棚在冬季进行通风（降温）、换气操作时，降温过快以及北风的侵入，同时增加了换气量。

5. 大棚的规格

单栋钢管大棚规格一般为：肩高1.8～2米，顶高2.8～3.2米，跨度7～8米，长度40～55米，通风口高度1.2～1.5米，钢管间距0.6～1.0米。这样的规格，主要考虑大棚在抗风、雪的前题下，增加棚内的通风透光量，并且考虑到了土地利用率的提高与各种作物栽培的适宜环境。

二、建造

（一）冬暖式日光温室

1. 土墙体冬暖式日光温室

寿光市近年来建造较多、使用较为普遍的是第五代高标准冬暖式日光温室，其主要结构和建造技术如下。

（1）主要结构。一般说，内径宽 12 米；内径长 100 米；高，最高点 4.5 米，后墙外高 3 米，内高 3.8 米，墙地面基部厚 5 米，墙上端厚 2 米，南北 5 排水泥立柱的土墙体冬暖式日光温室比较实用，寿光菜农称之为"好用"。

其中，墙体厚度是保证冬暖式日光温室冬季蔬菜正常生长的关键因素之一，实际操作中，墙体厚度的建造往往超过理论设计值。墙体厚度计算公式：W=F+50 厘米，式中，"F"代表当地历年最大冻土层厚度（厘米），"W"代表日光温室土墙体适宜厚度（厘米）。例如，山东省寿光市的历年最大冻土层厚度是 52 厘米，在寿光市建造日光温室，其土墙体的适宜厚度则为 52+50=102 厘米。而青海省西宁市的历年最大冻土层厚度是 130 厘米，若在西宁市建造日光温室，其土墙体的适宜厚度则为 130+50=180 厘米。

（2）建造技术。

①规划：选位置：选择交通便利，便于物资运输；四周没有高大建筑物或树木遮光；土层厚、水位低，排灌方便，不宜灾涝的地块。

找方向：大棚坐北朝南，东西延长，子午线方向偏西 5° 与后墙成直角。

划棚宽：在大规模建棚的地块，为防止前棚对后棚的遮荫，每个大棚南北宽不少于 25 米，亦即每棚使用内径宽 12 米，加上墙地面基部厚度 5 米，棚与棚之间的间距至少为 8 米。

划棚长：大棚东西一般在 80～150 米，最低不少于 50 米。

②建墙体：画线：先把后墙和两山墙的地基宽度画出，8 米宽铺底。

轧地基：用链轨拖拉机压实墙体地基。

上土：用大型挖掘机从棚前取土，平摊在墙上，每40厘米用链轨拖拉机轧实一层，共轧8层，棚内下挖0.8米，建成内高3.8米，顶宽约3米的墙体。

切墙：墙体上窄下宽，将墙体切成墙顶宽2米，墙地面基部厚5米，内墙面向后倾约1.2米的墙体。切两山墙时前口比后口宽约1.5米，形成箔箕口形（图3-6）。通常，温室脊高（日光温室最高点高度）越高，相对应的墙体（包括后墙和山墙）坡度仰角越大，一般脊高3.3米的仰角34°~35°，脊高4.1米以上的仰角39°~40°。

盖护墙膜：墙体开切时应准备好6米宽，6丝（1丝=10微米，6丝=60微米）厚，长度比墙体略长的护墙膜，以防下雨淋湿墙体。

图3-6　利用挖土机的铲斗切整温室山墙

注意事项：土质湿度要适宜，不要太干或太湿。建墙体时东西一定要直，每处的宽度宁宽勿窄，留一定的余地，便于切墙。上土高度要一致。墙体每层土要及时用链轨车并排轧实，不能留间隙。

③平整地面：整平：切墙的同时将棚内的地面整平，为便于浇水，进棚口一端比棚另一端高出10~15厘米。

灌水沉实地面：棚内地面是切墙下来的松土，为防止以后地面下沉，应先放大水灌实。

地面沉实后会出现高低不平，要再次整平。

④埋立柱：先埋后排柱，用5米的水泥立柱，底部距后墙0.8米埋设，东西向每1.8米一根，深埋0.5米，埋柱时先埋东西两头及中间的三根立柱，在柱子的顶端拉一道东西线，使所埋的立柱高度、斜度整齐一致。

后第二排立柱：用4.7米的水泥立柱，离后墙3.2米，东西向每3.6米一根，埋深0.5米。

后第三排立柱：用4.2米的水泥立柱，离后墙6米，东西向每3.6米一根，埋深0.5米。

后第四排立柱：用3.3米的水泥立柱，离后墙9米，东西向每3.6米一根，埋深0.5米。

前排立柱：用2.0米的水泥立柱，离后墙11.8米，东西向每3.6米一根，埋深0.5米。

注意事项：埋立柱时纵横向都要拉线，确保每排立柱的整齐度和高度。寿光菜农俗称东西向立柱间的间距为"一间"，每间间距为3.4～3.6米，一般一个棚有24～26间，整个棚长内径以80～90米的居多。

⑤上后坡斜柱：将2.7米长的后坡柱的前端压在后坡立柱上，并伸出后排立柱中间0.3米，用铁丝固定，后端埋在墙体内，要求斜度45°。

注意事项：后坡水泥斜柱有正反面，拉筋多的在下面。

⑥埋地锚：在大棚东西两山墙外1米处各挖一条宽0.5米、深1米的地锚沟，将地锚一端用砖或石头缠紧后均匀埋在沟内，另一端铁丝口露出地面20厘米，填土沉实。

⑦拉后坡钢丝：用26号镀锌防锈钢丝（直径26毫米），每15厘米东西拉一道，最上端可拉一道双钢丝。

⑧上钢管：用2根1.5寸热镀锌钢管（口径40毫米）焊接成12米长的梁，将梁的后端焊接上长25厘米、宽5厘米的带钢，用铁丝固定在后坡斜柱的顶端上面，然后将钢管固定在第二、三、四、五排立柱上，用1寸热镀锌钢管（口径25毫米）焊接成与棚内东西长度一致的梁，东西固定在最前排的水泥立柱上，并与南北钢管相焊接。

⑨修整山墙：将两山墙根据上好的钢管的弧度进行整修，多除少补，使之与钢管弧度一致。

⑩埋垫线边柱：为防止钢丝勒入土墙内，将直径不低于10厘米的木棒或水泥檩条顺着山墙上端外沿埋好。

⑪上前坡钢丝：用26号镀锌钢丝（直径26毫米），从棚前坡面的最上端（最后边）10道钢丝，每20厘米间距拉一道；再

向前 10 道钢丝，每 25 厘米间距拉一道；再向前 10 道钢丝，每 30 厘米间距拉一道；再向前 10 道钢丝，每 35 厘米间距拉一道；最前端 3 米内的钢丝间距应调得稍小一些，以 15～20 厘米为宜的，最前端一道钢丝在距钢管顶端 3 厘米的位置拉双钢丝。所有钢丝两端拴在地锚上，用紧线机拉紧。

注意事项：横向钢丝间距处理要根据具体情况，一直以来，棚架上的横向钢丝间距都是等距离的，一般间距在 30 厘米左右。对于这个间距，可以说是比较合理的。然而，寿光菜农在建棚时，却根据实际使用经验和常出现的问题，将棚架钢丝的间距调整得大小不等，这样可以提高大棚的牢固性。

大棚棚面各个部分的承重力不一样，因此棚架上的钢丝间距也应根据承重力不同而有所调整。如大棚棚面的顶部，卷帘机卷起的棉被或草帘常在此停住，特别是遇到雨雪天气棉被或草帘被打湿时，重量极大，很容易将下面支撑棚架的水泥柱压折。因此，此处横向钢丝的间距应调得小一些，以 15 厘米或至少 20 厘米为宜。钢丝间距加密后，可明显提高此处棚面的承重力，增加大棚的牢固性。再如大棚前端，平时承重力虽较小，但在遇到大雪时，积雪向前端下滑，常会将前端棚架压塌。从近年春季暴雪压塌大棚的情况来看，最容易压塌的地方就是此处。因此，大棚前端 3 米内的钢丝间距也应调得稍小一些，以 15～20 厘米为宜。近年春季大雪来临时，很多大棚都被压塌，但调整钢丝间距的大棚却安全无恙。除掉棚面的积雪后仔细检查棚体，一点被压损的迹象也没有，这与改进不无关系。因为这些大棚与很多同期建的大棚的结构是完全一样的，唯一的不同是调整了横向钢丝间距。

⑫拉吊菜钢丝：在拉棚面钢丝的同时，顺着每排立柱拉一道吊菜钢丝，共 5 道，距地面 2 米，固定在每个立柱上。

⑬上竹竿：每间 5 道，每道用两条竹竿对头施用。在钢管两侧 30 厘米处各上一道，然后均匀上中间 3 道，间隔约 70 厘米。

注意事项：将竹竿上的毛刺削平，竹竿顶端别在钢丝下，以防划破薄膜。

⑭上后坡：铺后坡膜：先在后坡钢丝上铺一层 6 米宽、8 丝（80 微米）厚的薄膜，北边距后墙 20 厘米。

铺后坡棉被或草帘：先东西铺上一层，北边压在后墙上 20 厘米，然后用 4~5 米长的棉被或草帘南北铺好，然后再在棚最顶端向南 30 厘米处东西拉一钢丝，将棉被或草帘绕过来再铺平，然后将农膜从钢丝处折回包住草帘，同时盖住墙体。

上珍珠岩：每 3 米用 1 立方米珍珠岩，成袋摆在后坡上，前高后低。

上后坡土：用棚后墙外的松土压在后坡上，高度比棚最高点略低，呈坡形，踩实。

注意事项：也可在铺膜前上一层无纺布，既美观又实用。

⑮棚前地面整理：从最前排立柱向南 2 米，整高出棚面 50 厘米的土岭，在土岭的南面挖一道 60~80 厘米深的排水沟，以防雨水流入棚内。

⑯埋压模线地锚：在最前排水泥立柱外 15 厘米处，每间均匀埋上两个地锚，用 26 号镀锌钢丝拴上两块砖，深埋 50 厘米，地上留出 10 厘米。

在后坡上面离风口 80 厘米处东西拉双道 26 号钢丝，以备拴压膜线和草帘用，在后墙外最低端每间埋一个地锚固定此钢丝，深埋 50 厘米。

⑰上膜：选用宽 12.5 米，长 108 米，厚度 8 丝的 EVA 膜或 PO 膜。

粘膜：现将薄膜的北边和前边 1.7 米处粘两道 3 厘米的裤兜。

顺膜：在无风的晴天，先将前坡大膜顺在棚前，注意薄膜的正反面。

穿钢丝：用 26 号钢丝穿在前膜的两个裤兜内。

垫山墙：将两山墙的高点去掉，凹点用土填平，铺上一层草帘或塑料编织袋或无纺布，以防薄膜受损。

拴压膜线：为防止上膜期间起风，在上膜前先每间拴好一条压膜线放在后坡上备用。

膜上棚：每两间一个人将膜抱起放在肩上，登上棚面将膜放在棚前坡面中间，然后将膜上下展开，铺在棚面上。

固定薄膜：现将膜的一头用竹竿卷好固定在山墙外的地锚上，将膜上下左右拉平，再固定另一端，并将上下两个裤内的钢丝用紧线机拉紧固定，膜下边的钢丝每间一点用压膜线固定在地锚上，每间一条压膜线。

⑱上放风口膜：用3米宽、8丝（80微米）的无滴膜，在最下方、距1.2米处、最上方各粘一道裤，并用钢丝穿过固定好在两山的地锚上。

⑲上防虫网：将1.2米宽40目的防虫网固定在前放风口和棚顶放风口上，以防害虫进入棚内。

⑳水渠：在棚内靠后墙的走道处修一条宽80厘米左右的水渠，水泥抹平，即是走道又是水渠。近年来寿光菜农逐步改为水肥一体化的膜下滴灌模式，但水渠还是要事先留好。

㉑滑轮：每7米按一组，每组3个滑轮。

㉒小屋：又称看护房，在大棚靠路的一端山墙上人工掏一个洞口，洞外建一个3×5米的小屋，即可防风又可放大棚用具。

㉓山墙（压膜护膜）：在山墙膜上用塑料编织袋装大半袋沙子排压在山墙上，可压住膜被风刮起，又可防止人上下踩破膜，还可挡风，防止草帘被风刮起。

㉔盖棉被或草帘：用14米长、1.5米宽、3厘米厚的棉被或草帘，根据棚长，设计棉被和草帘的个数。

㉕盖浮膜：晚上盖上棉被或草帘后，在棉被或草帘上再盖上一层宽16米、厚8丝、和大棚等长的薄膜。

㉖压膜沙袋：棚顶和两边每1米备好一个小沙袋，棚的前面每2米备好一沙袋，以备天气变化压膜所用。

㉗卷帘机：1 500瓦卷帘机1个，传动轴所用的76油杆。

㉘吊门帘：在大棚与棚内相连接的通道两端门口挂两个棉门帘。可防风、保暖。

2. 砖墙体冬暖式日光温室

寿光菜农使用的冬暖式日光温室目前几乎绝大部分是土墙体日光温室，主要原因一是寿光土层深厚，土壤属于泰沂山区的冲积扇尾，土壤钾含量较高，加之地下水位低，下挖式温室比较普遍，土壤翻不要紧，但能长，各种土层厚度 50～300 米不等，据分析，寿光市大田耕层土壤养分总体含量丰富，土壤 pH 值为 7.16，碳氮比为 8.43，有机质含量中等，为 14.70 克／千克，全氮含量较丰富，为 1.24 克／千克，水解氮含量丰富，为 126.21 毫克／千克，有效磷、速效钾含量很丰富，分别为 58.23、219.10 毫克／千克。二是土墙体温室造价低廉，就地取材，菜农使用实惠。三是土墙体吸热散热性能优良，能保证棚内作物昼夜间正常生长的温度。而在寿光的示范园区、农场等非个人种植展示区，以及种苗公司和个人育苗厂等利润较高的棚室，则一部分采用了砖墙体冬暖式日光温室。

砖墙体冬暖式日光温室，与传统土墙温室大棚的区别在于墙体用砖砌。土墙可以直接用砖砌成，砖体可选用实心红砖、水泥砖、面包砖等，可以在墙体之间预留一定空隙，用土填充，起到防止热量流失，增强冬季保温的作用。此结构具有土地利用率高，适应地形广，造型大方美观的特点。其与土墙日光温室大棚相比较，主要区别在墙体的结构，其他建设材料基本一样。

关于砖墙体冬暖式日光温室的造价：一般而言，土墙温室大棚包工包料建造下来价格在 800～1200 元／米（以日光温室大棚东西长度计算），一个前后跨度 10 米，东西长度 100 米的日光温室大棚投资在 8 万 ~ 12 万元；而同样跨度的砖墙温室造价在 1800 元／米左右，一个砖墙温室大棚造价大约在 18 万元。价格主要差在墙体造价，因为土墙结构的大棚墙体材料为土，土完全可以就地取材，材料成本几乎为零，剩下的只有一部分机械费用；而砖墙温室墙体全部使用各种砖砌墙，不仅增加砖块的材料成本，人工成本也会相应增加。

土墙日光温室对地形有一定要求，土壤含沙量一般不能超过 50%，否则用土墙构筑的墙体不够稳定。砖墙日光温室没有严格的条件限制，适合所有的蔬菜种植区域，尤其是地表水位较高、地表上层较浅的种植区域，以及土壤沙化严重、不适合下挖、不适合常规日光温室建造的地区。

选择建土墙还是砖墙日光温室大棚，要因地制宜，综合考虑保温、实用、地形等因素，毕竟大棚的主要用途还是用来种植作物，选择最适合当地条件的棚型来建设温室大棚。

下面以近年来常见的、东西长80米、南北宽10米（80米×10米）砖墙钢架大棚为例，介绍砖墙体冬暖式日光温室的建造。

（1）墙体。

①基础：亦称地基，"三合土"黏性土：石灰、沙子3：1：1，打好墙体地基，地基宽度一般1.0米，比墙体0.8米每边宽10厘米，地基深度一般40厘米，80米长的棚地基总长度为80+80+10+10=180米。

②砖体：面包砖：两边24号面包砖，中间30厘米珍珠岩填充，墙体总厚度0.78米，总延长180米。

黏土砖：由内向外，山东地区24厘米黏土砖墙+30厘米干土+24厘米黏土，砖墙+12厘米苯板，厚度0.60～0.78米，墙外培土，底部培2米，顶部培1米，呈坡状。墙的内外墙之间每隔2.7米设1个24厘米厚拉墙（加垛），拉墙高度可比内墙低0.5～0.8米。在温室北墙外侧贴聚苯保温板（厚度120毫米），外挂石膏或水泥,使苯板与墙体结合紧密。苯板密度不低于12千克/立方米。墙后培土，下部培土2米，上部1米。墙体使用M2.5水泥砂浆，禁用泥浆，以防墙体鼓包变形。

③预埋件，专用，170个。

（2）梁架。

①椭圆钢：30×70×2.0（扁径，高径，壁厚，毫米），1237.5米。

②连接件：专用，85个。

③斜拉杆：30×70×2.0（扁径，高径，壁厚，毫米），255米。

④地脚连接件：340个。

⑤预埋管：30×70×2.0；170米。

⑥棚面拉杆（需预加工）：6分2.0；84根。

⑦拉杆连接件；专用标准件510个。

（3）钻尾丝。5厘米，1 856个。12厘米，500个。2厘米，1500个。

（4）后砌。26号钢丝，115千克。14号铁丝，24千克。角铁 40×40×3.017 根。3 号扁铁，2.5×34 根。保温板，10 厘米 200 平方米。无纺布，450 克 130 平方米。

（5）棚膜。大膜，9 丝 PO 膜或 EVA 膜，879 平方米。下膜，9 丝 PO 膜或 EVA 膜，50 平方米。放风膜，9 丝 PO 膜或 EVA 膜，303 平方米。压膜绳，33 千克。

（6）卷帘机。机头，五轴，1 台。电机 1 台。前臂 1 台。卷杆，76×3.25 米，100 米。配件 1 套。

（7）保温被。保温被，1580 平方米。托绳 18 千克。

（8）棚头房。

（9）水渠。

（10）附件。防虫网，60 目，100 平方米。膨胀钩，10 号，105 个。花兰，14 号，20 个。卡槽卡横　0.65 毫米，81 根。连接片，81 个。卷膜器，手动，1 个。卷杆，6 分 2.0，17 根。卡箍，6 分 70 个。放风滑轮组，20 组。

3. 无立柱蔬菜日光温室建造。

蔬菜日光温室主要有两种建造形式，一种是使用较多水泥立柱支撑棚面的日光温室，简称有立柱蔬菜日光温室，另一种是使用钢架代替众多水泥立柱支撑棚面的日光温室，简称无立柱蔬菜日光温室（图 3-7）。对比两者建造所需资材可知，无立柱蔬菜日光温室的建造成本要高于有立柱蔬菜日光温室，但是，因其棚

图 3-7　无立柱蔬菜日光温室一部分作为育苗厂的育苗间使用

内的种植区没有立柱，从而给蔬菜生产带来了极大的方便。因此，近几年，无立柱蔬菜大棚越来越受到菜农、育苗厂、示范园种植者的青睐。

建造抗压力强、透光率高、经济实惠的无立柱蔬菜大棚，其建造技术要点如下。

（1）选址。与建造有立柱蔬菜日光温室相比较，无立柱蔬

菜日光温室选址同样要求地势平坦、土层深厚、光照条件优良。区别之处，无立柱蔬菜大棚的南北跨度以 12 米为宜，若过小，必然加大钢架的拱度，钢架拱度加大，反而不利于人工拉放草苫或给卷帘机上卷草苫增加难度。若超过 12 米，钢架拱度小，如此会产生诸多不利影响，一是日光温室棚面采光受影响，太阳光照入射量少，棚温提高慢，蔬菜生长易受影响；二是钢架拱度小，冬季遇到大雪天气，棚面积雪过多，易出险情；三是无立柱蔬菜日光温室的跨度越大，对钢架的承载力要求就越大，投入的建造成本也就高。

（2）墙体的建造。实践证明，无立柱蔬菜日光温室对墙体的建造要求更高，这是因为其整个棚面均采用钢架支撑，一般 3.0～3.5 米一架钢架，钢架上端通过后砌柱子与后墙相连，其总体的重量明显比有立柱蔬菜日光温室的竹竿骨架重量要重。因此，墙底先用推土机压实，南北宽度要求在 6～8 米，以防地基下沉。然后，再用挖掘机上土，并且每上 70 厘米厚的松土，就用挖掘机来回滚压 2～3 次。棚宽与后墙高度相辅相成，成一定比例，棚宽为 12 米的无立柱蔬菜日光温室，后墙的高度以 4.5 米为宜，最后把墙顶用推土机压实。另外注意，用挖掘机切棚墙时，要有一定的倾斜度，上窄下宽，倾斜度在 6°～10° 为宜。

（3）上钢架。无立柱日光温室的钢架非常重要，多采用花子梁，主梁用 1 寸的热镀锌钢管，1 寸管外径为 33.7 毫米，厚度为 2.75 毫米。下面用 12 毫米的钢筋焊接花字，距离可以设定为 2 米一架，中间加一趟辅梁，辅梁可用一寸管（图 3-8）。

图 3-8　即将上架的无立柱日光温室的花子梁

为了提高无立柱蔬菜大棚的抗压力，其在建造时要求，棚内需添加两排立柱，分别是后砌立柱，也就有立柱蔬菜大棚中的第一排立柱和前排立柱。在埋设立柱前，需先用挖掘机对棚底进行平整，然后再大水漫灌，以防埋好立柱时下沉。后砌立柱选用高 5.5 米的加重立柱（下埋 50 厘米），前排立柱选用 2 米普通立柱即可。按照有立柱蔬菜大棚的立柱埋设方法，将这两排立柱安装好后，便可上钢架。其方法为：①在东西墙的中部（东西向）拉一条钢丝，并打地锚，以此作为上钢架的标准线。②需 7～8 个成年人合力将钢架拉上预定位置，而后，一人用铁丝将钢架捆绑在标准线上，以防倒伏。③站在大棚后墙顶部的一人再将钢架的上端捆绑在后砌柱子上，注意铁丝头要向下弯，以避免扎坏后屋面上薄膜。而站在大棚前脸处的两人，除了将钢架固定在前排立柱上外，还应纠正好钢架的上下方向，从而使钢架保持上下一致（图 3-9）。

图 3-9　刚刚上架的无立柱日光温室的花子梁

（4）拉棚面钢丝。与有立柱蔬菜大棚相比较，无立柱的蔬菜大棚要求棚面钢丝更密集些，以增加其抗压能力。提倡大棚放风膜下的钢丝排布距离为 15 厘米左右，因为白天大棚草苫卷起后，草苫均集中在该处，所以该处钢丝间距比棚面钢丝间距（20～30 厘米）要小。注意：棚面上的所有钢丝均要用铁丝固定在每一钢架上，以此来增强钢架的牢固性。另外，棚室的最南端要多拉一条钢丝，以备方便安装托膜竹。

（5）上托膜竹。为增强棚面承载力，保护棚膜，托膜竹可选用实心竹竿，且每排上下各一根竹竿（粗头朝外，细头对接），棚室每间安装 5 排托膜竹为宜。托膜竹的下端可通过两根钢丝将其夹住、固定，其他的部分应一一用铁丝捆绑在棚面钢丝上。

（二）塑料大棚

1. 塑料大棚的主要类型与性能

（1）竹木拱架塑料大棚。跨度 6～8 米，中高 1.8～2 米，长 50～70 米，以 3～6 厘米直径的竹竿为拱杆，每排拱杆由 4～6 根支柱支撑，拱杆间距 1.0 ~ 1.2 米，立柱用水泥杆或木杆，立柱间隔 3.0 ~ 3.6 米。拱杆下部无支柱的，采用吊柱方式支撑。拱杆上盖塑料薄膜，用 8 号线作压膜线。此棚结构简单，成本低，易推广，但遮光多，作业不便。

（2）镀锌钢管塑料薄膜大棚。跨度 8 ~ 10 米，中高 2.5 ~ 3.0 米，长 50 ~ 70 米，用 φ22 ×（1.2 ~ 1.5）毫米薄壁钢管制做拱杆、拉杆、立杆（两端棚头用），经镀锌可使用 10 年以上。大棚用卡具、套管连接棚杆组装成棚体，覆盖塑料薄膜用卡膜槽固定。上部盖一大块薄膜，两肩下盖 1 米高底脚围裙，便于扒缝放风。此种大棚骨架属于定型产品，规格统一，组装拆卸方便，棚内空间较大，无支柱，作业方便，光照充足。

（3）花子梁钢架塑料薄膜大棚。菜农讲究经济实用，尽量用最少的投入换取最大的回报，近年来，在山东省寿光市孙家集街道的前王、堤里、南王、鲍家楼、东马疃以及寿光市圣城街道崔家老庄村等拱棚早春茬、越夏连秋茬茄子产区，建造了许多花子梁钢架茄子生产塑料薄膜大棚，钢架结合竹竿，每隔 4.8 ~ 6.0 米一排花子梁，即为一间，花子梁之间有 5 道竹竿，竹竿间距 0.80 ~ 1.0 米，中间一排水泥混凝土立柱或多排立柱，南北延长 120 ~ 140 米、宽 12 ~ 14 米、中高 4 ~ 6 米的茄子棚，主要种植大龙长茄，经济适用，收到良好效益（图 3-10）。

图 3-10 寿光市孙家集街道的前王村的花子梁钢架茄子塑料薄膜大棚

（4）保温被大拱棚。保温被大拱棚亦称冬暖拱棚，近年来寿光市建造了许多这类保温被大拱棚，在全钢架基础上加一排或两排立柱，或全钢管拉钢丝多立柱等形式，两边有卷帘机，覆盖保温被保温效果好，南北延长，宽度 20 ~ 30 米、高度 3.5 ~ 6.0 米，长度 80 ~ 200 米，具有土地利用率高，施工快，投资比冬暖式大棚节省 40%，施工受天气因素影响小，结实耐用，种植管理方便，美观大方，不受地下水位浅的影响，原土壤熟土耕作层不破坏等诸多优点（图3-11、图3-12、图3-13、图3-14）。

图3-11 建设中的保温被大拱棚的骨架

图3-12 保温被大拱棚的棚顶

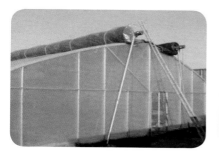

图3-13 保温被大拱棚的双卷帘机

图3-14 山东省寿光市化龙镇二十里铺村南北延长长度210米，宽度31米，高度7米的大型保温被越冬拱棚

随着保护地栽培技术的日益成熟，对设施的要求及种植品系也逐渐严格和扩展，棉被大拱棚建设的建设技术会越来越多体现在大棚建设方面。其特点，一是采用热镀锌管做骨架，使用寿命十年以上；二是土地利用率高；三是外形美观、保温效果好；四是冬天也可种植，弥补其他拱棚冬季不能种植的不足。

2. 塑料大棚的规划设计

（1）场址选择与规划。大棚的场址应选向阳、避风、地势平坦、土壤肥沃、土质良好、水源充足、排灌方便，周围无高大树木和建筑物遮荫。在建大棚群时，棚间距离宜保持2～2.5米，棚头间距离 5～6 米，才有利于通风换气和运输。

（2）大棚的规格与方向。大棚一般长 50～70 米，宽 8～10 米为宜。太长两头温差大，运输管理也不方便；太宽通风换气不良，也增加设计和建造的难度。中高以 2.5～3.0 米为宜，大棚越高承受风荷越大，但大棚太低，棚面弧度小，易受风害，雨大时还会形成水兜，造成塌棚。大棚的方向很重要，南北延长的大棚受光均匀，适于蔬菜生产；东西延长的大棚光照南强北弱多不采用。

（3）棚型与高跨比。棚型与高跨比主要关系到大棚的稳固性。在一定风速下，流线型棚面弧度大，风速被削弱，抗风力就好些；而带肩大棚高跨比值小，弧度小，抗风力差。高跨比值一般以 0.3～0.4 为好。

3. 塑料大棚的建造方法

主要由立柱、拱杆、薄膜、压杆或 8 号铁丝组成。这种大棚的断面成遂道式，以纵向南北，棚长 50～70 米，棚宽 8～10 米为宜。

（1）埋设立柱。立柱选用 6 厘米 × 8 厘米的水泥柱或 8～10 厘米的木柱或竹竿皆可，南北方向每隔 3.2 米埋设一排立柱，每排一般由 4～6 根立柱组成，中柱高出地面 2.5 米，两根腰柱高出地面 1.5 米，两根边柱高出地面 0.7 米左右，立柱埋入地下 0.3～0.4 米，每根立柱都要定点准确、埋牢、埋直，并使东西南北成排，每一排立柱高度一致。

（2）安装拱杆和拉杆。拉杆固定在立柱顶端以下 0.3 米处，使每排纵向立柱结成整体。拱杆固定在立柱顶上，用铁丝拧紧。

（3）盖膜。薄膜最好用无滴膜，宽度根据棚型跨度选择，先从两边下手，再依次往上覆盖，两幅膜的连接缝相互重叠 20 厘米，棚膜上两拱杆之间设一压膜杆，压紧薄膜，使棚面成互棱型。

第四章　茄子品种选购与优良品种介绍

第一节　茄子品种选购

一、品种资源

（一）圆茄

圆茄植株高大、果实大，圆球、扁球或椭圆球形，中国北方栽培较多。植株高大，茎直立粗壮，叶片大而肥厚，生长旺盛，果实圆形，多为中晚熟品种，肉质较紧密，单果质量较大，可达 500～1 000 克（图 4-1）。属北方生态型，适应于气候温暖干燥，阳光充足的夏季大陆性气候。主要优良品种有硕源黑宝、黑硕圆茄、黑丽圆茄 F_1、紫光、京茄黑宝、京茄黑俊、京茄 1 号、京茄 6 号、园丰圆、紫瑞、黑又亮、丰产 828、天宝、韩国特早圆茄、黑秀、黑皇后、北斗早冠、西安紫冠茄、紫阳圆茄、天津大苠茄、

图 4-1　圆茄

二苠茄、五叶、七叶、九叶、高唐紫茄、洛阳青茄、济南大红袍、西安紫圆茄等。

（二）长茄

植株高度、长势中等，果实细长棒状，叶较小而狭长，分枝较多。果实细长，长度可达 30～40 厘米，皮较薄，肉质松软，种子较少（图 4-2）。单株果数多，单果质量小。属南方生态型，

喜温暖湿润多阴天的气候条件。果实有紫色、青绿色、白色等。主要优良品种有东方长茄 765、布利塔、大龙、北京线茄、京茄 10 号、京茄 11 号、京茄 13 号、京茄 20 号、京茄 21 号、京茄金刚、京茄 218、京茄黑霸、京茄黑龙王、月神、雷龙、曼德拉、光辉、普兰达、卡里曼 1 号、卡里曼 3 号、桑洛娜、巴马、莲蒂 217、率先 365、丹比璐、美加纳、托巴兹、美国宝冠、赛奇、绿蒂 9188、亚布力、法国长茄、紫长茄、黑龙江科选一号、茄王、牟尼、屏东长茄、杭州长茄、新茄

图 4-2　长茄

4 号、9318 长茄、吉茄 2 号、紫星、金十克、华夏骄子、黑龙王、紫龙、天姿、华丽 1 号、金丰、东阳、远太、长连 1 号、长连 2 号、紫川 1 号、紫川 2 号、亚洲黑长茄 2 号、亚洲黑长茄 4 号、黑俊长茄、黑龙、吉龙、黑将军、黑妹、特力丰、天龙、黑帅、黑阳、黑田等。

图 4-3　矮茄

（三）矮茄

矮茄亦称卵茄，植株较矮，果实小，卵形或长卵形、椭圆形或灯泡形（图 4-3）。茎叶细小，开展度大，长势中等或较弱，着果节位较低，多为早熟品种，产量低。主要品种有北京灯泡茄、天津牛心茄、济丰 3 号、荷兰瑞马、蒙茄 3 号、杭州千成茄、鲁茄 1 号、西安绿茄等。

二、品种的选购

（一）根据栽培方式选购品种

选择的茄子品种与所选的栽培形式相适应。一些适合温室、大棚栽培的茄子品种，在露地栽培条件下单产可能很低或商品性不佳，如引进国外的一些保护地品种765、布利塔、安娜等；同样，适合露地栽培的品种，在保护地内因植株生长过于旺盛，容易造成严重的落花落果而大幅减产，如京茄18号、京茄20号、京茄108号、京茄218号、鲁茄3号、郑研晚紫茄等品种。北方地区露地栽培的丰产品种，在南方地区栽培，由于气候的差异有的也严重减产。因此，不同的栽培方式选择不同的适宜品种，才能取得茄子生产的高产高效。

一般来讲，栽培时期短的应优先选用早熟品种，如京茄6号、京茄黑宝、京茄黑俊、郑茄1号、郑茄3号、郑茄4号、新乡糙青茄、绿罐茄、洛阳早青茄、郑研早紫茄、绿杂2号、青丰1号、苏州条茄、紫阳长茄等品种；栽培时期长的应选择生长期较长的中、晚熟品种，如博杂1号、安茄2号、安阳大红茄、济南长茄等品种；露地栽培应选用耐热、适应性强的品种，如绿冠、超九叶茄、沈茄2号、龙杂茄2号、红丰紫长茄等品种；冬春保护地栽培应选用耐低温、耐弱光能力强，在弱光和低温条件下容易坐果、适应保护地小气候环境的茄子品种，如京茄3号、圆杂5号、布利塔、东方长茄765、尼罗、茄杂6号、郑茄1号、郑茄3号、郑茄4号、辽茄7号、黑龙王等品种；越夏延秋栽培应选择生长势强、耐热抗病、适应性强、丰产的中晚熟茄子品种，如安茄2号、鲁茄3号、郑研晚紫茄等品种。

（二）根据消费习惯选购品种

选用的茄子品种在果实的形状、颜色等方面应适合外销地的消费习惯。一般来说，南方地区较喜欢紫红色的茄子品种，如红丰紫红茄、粤丰紫红茄等；北方地区则喜欢黑紫色的茄子品种，如圆杂5号、长杂8号、京茄2号、京茄3号、茄杂2号等品种；

中部地区则多消费绿色的茄子如郑茄 1 号、郑茄 3 号、新乡糙青茄、绿油油、绿宝石、绿罐茄等品种。就果形来讲，北方地区相对较喜欢圆形或卵圆形的品种，如郑茄 1 号、郑茄 3 号、郑茄 4 号、郑研紫冠、郑研早紫茄、紫光大圆茄、快圆茄等品种；而南方地区则喜欢长棒形品种，如农丰紫长茄、农夫长茄、贝斯特 3 号等品种。生产者在组织和安排茄子生产时，一定要对销售市场的商品要求做充分的调研，然后再选择相应的品种。

（三）根据茄子的栽培季节选购品种

不同的栽培季节所选用的茄子不尽相同。如，冬季温室栽培茄子多以供应大中城市为主，适宜选择档次较高的茄子品种，因为冬季自然条件的限制，要求这些品种要有较强的耐弱光、耐低温、坐果率高等特点，如布利塔、东方长茄 765、尼罗、安德烈等品种。春季栽培要求所选的茄子品种早熟性强、耐寒性强，如京茄 6 号、京茄黑宝、郑茄 1 号、郑茄 3 号、郑茄 4 号、郑研早紫茄、洛阳早青茄、鲁茄 1 号、丰研 2 号、京茄 1 号等品种。极早春王特点是极早熟，特别适合早春抢早上市的地区。夏秋栽培应选择耐高温能力强、耐潮湿、抗病性强的中熟或中晚熟品种，如博杂 1 号、安茄 2 号、超九叶茄、绿冠等品种。

（四）根据用途选购品种

用于加工出口的茄子，要选择适合外销门路、抗病虫的茄子品种种植，并按合同订单收购、采后处理及加工，适合的品种如千两 2 号、松岛 F_1、紫龙长茄等。山东省、辽宁省等近年来对俄罗斯鲜食用茄子出口量逐年上升，出口茄子的主要品种有图德拉、安德烈、露西亚、朗高等品种，这些均为国外种子公司生产，其共同特点为杂交品种，紫皮绿萼，生长势强，产量高，可周年生长，果形正，色泽光亮，挂果期长，极耐储运，综合抗病抗逆性强。近年来，培育了许多用于烧烤用途的茄子，有很多特别专用品种，如极品茄霸、西南茄王等。

（五）结合生产地自然灾害和病虫害的特点选购品种

我国幅员辽阔，自然条件差异很大，在某一个地区常常会发生一种特有的病害、虫害、旱灾和涝灾等，这就要充分注意种植地自然灾害的特点，选用适合本地的稳产、高产品种。目前我国育种工作者已选育出了抗各种灾害与病虫害的茄子品种，基本能适应生产的要求。在栽培中应根据当地的具体特点，结合每一品种的特性加以选择应用。

（六）注重品种的合理搭配

茄子同其他蔬菜一样，每个品种都有自己独特的生长发育规律和一定的特征特性，并要求一定的环境条件。由于茄子各个品种的适应性不同，所以每个品种都有它的适应地区和适应范围，并不是在任何地方都能发育良好并获得高产，往往一个优良品种在这个地区表现高产，而在另一个地区却减产。因此，在栽培过程中，必须按照当地的自然条件和当地栽培水平以及栽培过程中经常发生的病害等情况，依据各个品种的特征特性安排种植，做到品种在一个地区的合理布局。

在一个生产单位，也要做到品种的合理搭配，既能避免品种单一化带来的意外损失，又可避免品种的多、乱、杂，有利于发挥良种的增产作用。品种搭配应分清主次，并以当地主栽品种为主。选用成熟期不同的品种进行搭配，根据本地的土质、地势、肥水条件等合理搭配，按用途比例进行搭配种植。

（七）优先选购大型种业公司、国家级种业研发部门和经国家、省、市有关部门审（鉴）定或认定的品种

综合多方因素，选购适合本地种植的品种，保证选种成功，是提高茄子种植经济效益的前提。选购茄子品种，应该优先考虑大型跨国种业公司的成熟产品，譬如荷兰瑞克斯旺（中国）种子有限公司是荷兰瑞克斯旺种苗集团公司在中国的分支机构，荷兰瑞克斯旺种苗集团公司创建于1924年，是一个独立的、在世

上处于领先地位的、从事专业化蔬菜育种、种子生产和销售的大公司，公司以其雄厚的科研实力和高质量的产品服务在世界蔬菜种子行业中享有很好的声誉。公司集科研、种子生产和市场开发为一体，在世界众多种子公司中排名第五。其推出的保护地栽培的布利塔绿萼长茄和东方长茄765，长期占领中国北方日光温室茄子栽培销售市场。再如北京京研益农科技发展中心（简称"京研种业"），隶属于国家蔬菜工程技术研究中心，创建于1958年，是首都大型蔬菜科研院所型农业科技公司之一，现拥有一批国内外著名的育种专家，数套先进的种子加工流水线，完善的种子营销体系和遍及全国各地的销售网络。"京研"推出各类茄子6大系列、20余个优良品种，覆盖全国各省市的750多个市县，并培训国内外技术人员2万多人，取得了巨大的社会和经济效益，"京研"牌茄子良种现已成为全国知名品牌。另外，地方上凡是通过审（鉴）定或认定的品种，是得到国家、省、市有关部门认可的、可在一定区域内进行种植的品种，具有质量保证。但近十几年来，我国不少省份蔬菜品种已不再进行审定，在这种情况下，慎重选择茄子品种显得尤其重要，购种前最好到农业技术部门或农业科研单位找专家咨询清楚；也可到引种成功的菜农那里，详细了解品种的相关信息，包括品种的来源、品种特征特性、丰产性、抗病性、抗逆性、产品的耐贮性、适应性以及该品种对种植条件、种植技术的要求，判断其是否适合本地区种植。

第二节 优良品种介绍

一、长茄系列

（一）绿萼长茄系列

1. 765

765 正式全称是东方长茄 10–765，Oriental RZ F$_1$ 杂交种，由荷兰瑞克斯旺公司制种。该品种植株开展度大，花萼中等大小，叶片中等大小，萼片无刺，早熟，丰产性好，生长速度快，采收期长。适合秋冬温室和早春保护地种植。果实长形，果长 25～35 厘米，直径 6～9 厘米，单果重 400～450 克。果实紫黑色，质地光滑油亮，绿把、绿萼，比重大，味道鲜美（图4–4）。货架寿命长，商业价值高。周年栽培每

图 4–4　765

亩产 20 000 千克以上。765 绿萼长茄目前被认为是取代布利塔绿萼长茄的最理想保护地当家品种，被誉为"中国茄子之乡"的山东省寿光市纪台镇，绝大多数菜农种植 765 绿萼长茄，目前日光温室栽培茄子面积达 6 000 公顷（9 万亩），纪台镇共 72 个行政村，村村种植日光温室茄子，目前 765 绿萼长茄种植比例高达 70%，约达 4 200 公顷，而称霸 10 年左右的布利塔绿萼长茄目前退居第二位，比例减少到 20%，面积约为 1 200 公顷，余者为近年来的新兴品种。

2. 布利塔

布利塔全称为布利塔 Brigitte RZ F$_1$ 杂交种，由荷兰瑞克斯旺公司制种，占据山东及寿光日光温室茄子栽培市场 10 余年，被誉为绿萼长茄的传统型样板栽培茄子品种，在寿光日光温室种植

中曾压倒性称霸于其他各类茄子品种，创下山东保护地茄子栽培面积、产量及效益的最高纪录。该品种植株开展度大，花萼小，叶片中等大小，无刺，早熟，丰产性好，生长速度快，采收期长。适合秋冬温室和早春保护地种植。果实长形，果长

图 4-5　布利塔

25～35厘米，直径6～8厘米，单果重400～450克。果实紫黑色，质地光滑油亮，绿把、绿萼，比重大，味道鲜美。货架寿命长，商业价值高（图4-5）。周年栽培每亩产20 000千克以上。

3. 长征3号

长征3号（117）为法国威马公司制种。植株长势强，开展度好。绿把、绿萼长茄，果实棒状，亮黑色，质地光滑，不红头，果长约36厘米，直径5～7厘米，耐寒性好，比同类产品耐寒性均为突出，膨果速度快，连续坐果能力强，产量高，商品性好（图4-6）。单果重400～480克，味道鲜美，周年栽培每亩产20 000千克以上，果实密度大，硬度好，耐贮运，货架期长。

图 4-6　长征3号

适合保护地一大茬栽培，被认为是绿萼长茄的最新换代品种之一。

4. 长征1号

长征1号为法国威马公司制种。植株长势强，开展度好。绿把、绿萼长茄，果

图 4-7　长征1号

图 4-8　长征 2 号

实棒状，亮黑色，质地光滑，不红头，果长约 36 厘米，直径 6 ~ 8 厘米，耐寒性好，比同类产品耐寒性均为突出，膨果速度快，连续坐果能力强，产量高，商品性好（图 4-7）。单果重 400 ~ 480 克，味道鲜美，周年栽培亩产 20 000 千克以上，果实密度大，硬度好，耐贮运，货架期长。适合保护地一大茬栽培，被认为是绿萼长茄的最新换代品种之一。

5. 长征 2 号

长征 2 号为法国威马公司制种。植株长势强，开展度好。绿萼长茄，亮黑色，不红头，果长 26 ~ 34 厘米，直径 6 ~ 9 厘米，耐寒性好，连续坐果能力强，产量高，周年栽培亩产 20 000 千克以上，硬度好，耐贮运，货架期长（图 4-8）。适合保护地一大茬栽培。被认为是绿萼长茄的最新换代品种之一。

6. 潘尼 203

荷兰吉尔斯特种子公司制种，中早熟新品种，植株开展度大，花萼小，叶片中等大小，无刺，丰产性好，生长速度快，采收期长。果实长棒形，果长 35 ~ 40 厘米，直径 6 ~ 8 厘米，单果重 400 ~ 450 克。果实紫黑色，质地光滑油亮，绿把、绿萼，比重大，味道鲜

图 4-9　潘尼 203

美。货架寿命长，低温弱光下坐果稳定，抗寒抗病，极具高产品质，畸形果少，商品性极佳（图4-9）。周年栽培每亩产20 000千克以上。适宜越冬、秋延和早春大棚种植。

7. 967

967由荷兰安莎种子集团公司制种。紫黑长茄，植株生长强健，分枝力强，坐果率高；

图4-10　967

果实长形，平均果长28～36厘米，横径6～8厘米，无刺，早熟，果实亮黑色，绿把绿萼，无青头顶，无阴阳面，丰产性好，采收期长（图4-10）。种植茬口适宜秋延迟、越冬及早春保护地栽培。

图4-11　1572

8. 1572

1572由荷兰安莎种子集团公司制种，紫黑长茄，植株生长强健，分枝力强，坐果率高；果实长形，平均果长26～36厘米，横径6～8厘米，无刺，早熟，果实紫黑色，绿把绿萼，无青头顶，无阴阳面，丰产性好；采收期长，品种特别耐激素（图4-11）。种植茬口适宜

图4-12　1613

图 4-13　超利 901

秋延迟、越冬及早春保护地栽培。

9. 1613

1613 由荷兰安莎种子集团公司制种，果实长直棒状，颜色紫黑，平均果长 27 ～ 37 厘米，横径 7 ～ 9 厘米，萼片无刺，早熟多花，绿把绿萼，无青头顶，无阴阳面，丰产性好，采收期长（图 4-12）。种植茬口适宜秋延迟、越冬及早春保护地栽培。

10. 超利 901

该品种生长势旺盛，叶片中等，早熟性好，紫黑色，光滑亮丽，绿把、绿萼，生长速度快，采收期长，果实棒形，果长 38 ～ 40 厘米，直径 6 ～ 7 厘米，单果重 450 克，亩产高达 20 000 ～ 25 000 千克，被誉为"抗寒王"（图 4-13），比市场同类产品均增产 20%，受到广大种植户的认可与好评，被认为是绿萼长茄的最新换代品种之一。

11. 长茄 903

该品种植株开展度大，花萼小，叶片中等大小，无刺，早熟，丰产性好，生长速度快，采收期长。适合秋冬温室和早春保护地种植。果实长棒形，果长 30 厘米左右，直径 6 ～ 8 厘米，单果重 400 ～ 450 克。果实紫黑色，质地光滑油亮，绿把、绿萼，比重大，味道鲜美（图 4-14）。货架寿命长，低温弱光下坐果稳定，极具高产品质，畸形果少，商品性极佳。周年栽培每亩产 20 000 千克以上。适宜越冬、秋延和早春大棚种植。

图 4-14　长茄 903

12. 京茄 21 号

京研益农（北京）种业科技有限公司制种，早熟杂交一代长

茄，长势旺盛，分枝能力强，易坐果。果形顺直，长棒状，果长 25～35 厘米，果实横径 6 厘米左右，单果重 300 克左右。果皮深黑色，光滑油亮，光泽度佳。果柄及萼片鲜绿色（图 4-15）。该品种耐低温弱光、抗逆性强、耐贮运，适合保护

图 4-15　京茄 21 号

地长季节栽培，周年栽培亩产可达 15 000 千克以上。

13. 寿展 QZ1632

京研益农（北京）种业科技有限公司制种，绿萼紫黑长茄，果长 20～25 厘米，果实横径 5 厘米左右。果皮亮黑色，光滑油亮，光泽度佳。果柄及萼片鲜绿色（图 4-16）。该品种耐低温弱光、抗逆性强、

图 4-16　寿展 QZ1632

耐贮运，适合保护地长季节栽培，周年栽培亩产可达 15 000 千克以上。

14. 莎拉波娃

莎拉波娃全称莎拉波娃（10-203）F$_1$，荷兰瑞克斯旺公司制种，该品种植株生长旺盛，开展度大，花萼小，叶片中等大小，萼片无刺，早熟，耐寒性好，丰产性好，采收期长，可适应不同

图 4-17　莎拉波娃

图 4-18　布朗

季节种植。果实灯泡形，直径 8～10 厘米，长度 22～25 厘米，单果重 400～450 克，果实紫黑色，绿把、绿萼（图 4-17）。质地光滑油亮，比重大，果实整齐一致，味道鲜美。货架寿命长，商业价值高。周年栽培亩产 18 000 千克以上。

15. 布朗

全称为布朗（10-707）Bran RZ F$_1$ 杂交种，荷兰瑞克斯旺公司制种。该品种植株生长旺盛，植株开展度大，叶片中等大小，绿萼无刺，早熟，丰产，生长速度快，采收期长。适合秋冬温室和早春保护地种植。果实长形，果长 30～35 厘米，直径 5～7 厘米，单果重 300～350 克。果实紫黑色，质地光滑油亮，绿把、绿萼，比重大，味道鲜美。货架寿命长，商业价值高（图 4-18）。周年栽培亩产 18 000 千克以上。

16. 爱丽舍

全称爱丽舍（10-702）Estelle RZ F$_1$ 杂交种，荷兰瑞克斯旺公司制种。该品种植株开展度大，花萼小，叶片小，萼片无刺，早熟，丰产性好，采收期长。适合秋冬温室和早春保护地种植。果实长形，果长 35～40 厘米，直径 5～7 厘米，单果重 300～350 克（图 4-19）。果实紫黑色，质地光滑油亮，绿把、绿萼，比重大，味道鲜美。货架寿命长，商业价值高，周年栽培亩产 18 000 千克以上。

图 4-19　爱丽舍

17. 安娜

全称安娜（10-704）Anamur RZ F$_1$ 杂交种，荷兰瑞克斯旺公司

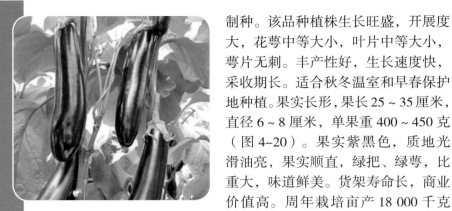

图 4-20　安娜

制种。该品种植株生长旺盛，开展度大，花萼中等大小，叶片中等大小，萼片无刺。丰产性好，生长速度快，采收期长。适合秋冬温室和早春保护地种植。果实长形，果长 25～35 厘米，直径 6～8 厘米，单果重 400～450 克（图 4-20）。果实紫黑色，质地光滑油亮，果实顺直，绿把、绿萼，比重大，味道鲜美。货架寿命长，商业价值高。周年栽培亩产 18 000 千克以上。

18. 娜塔丽

全称娜塔丽（10-706）Anatolia RZ F_1 杂交种，荷兰瑞克斯旺公司制种。该品种植株开展度大，花萼中等大小，叶片中等大小，萼片无刺，早熟。丰产性好，生长速度快，采收期长。适合秋冬温室和早春保护地种植。果实长形，果长 25～35 厘米，直径 6～8 厘米，单果重 400～450 克（图 4-21）。果实紫黑色，质地光滑油亮，果实顺直，绿把、绿萼，比重大，味道鲜美。货架寿命长，商业价值高。周年栽培亩产 18 000 千克以上。

图 4-21　娜塔丽

（二）紫萼长茄系列

1. 大龙长茄

大龙长茄是杂交一代种，在低温下也表现生长势强，抗病性强，产量高，紫萼，果实长棒形，果长 30～35 厘米、横径 5～6

厘米，单果重 250～300 克；果色黑亮有光泽，在弱光下也着色均匀，果皮黑紫色，肉质细嫩，籽少，风味佳，品质好；果实耐老，耐贮运。植株直立，生长势强，连续结果性好，单株结果数多，亩产量 4000 千克以上（图 4-22）。大龙长茄嫁接后植株可生长至 1.5～2.0 米，采摘期长达 200 多天，平均每株可采收茄子 30 多个，最多每株可采收茄子 40～50 个，单果重 400 克左右，大的可达 800～1000 克，亩产量 4000 千克以上。目前是寿光孙家集街道、圣城街道等非日光温室茄子产区，

图 4-22　大龙长茄

亦即塑料大棚早春茬和秋延茬的主要栽培品种。

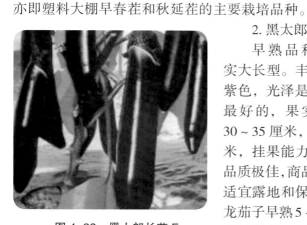

图 4-23　黑太郎长茄 F_1

2. 黑太郎长茄 F_1

早熟品种，产量高，果实大长型。丰产性强。果面黑紫色，光泽是目前同类品种中最好的，果实长棒形，果长 30～35 厘米，果径 3.5～4.5 厘米，挂果能力强，果肉柔嫩，品质极佳，商品率高（图 4-23），适宜露地和保护地栽培，比大龙茄子早熟 5～7 天，色泽更好，产量高出 20% 左右，被认为是大龙茄子的换代品种。

3. 雅美特长茄

近年育成中早熟杂交一代新品种，植株生长强健，果长 30～35 厘米，横径 6～7 厘米，单果重 400～500 克，果皮黑亮光滑，果型整齐顺直，果肉较硬，耐贮运，品质优，坐果能力强，

画说棚室茄子绿色生产技术

图 4-24　雅美特长茄

适合各区域温室、拱棚及露地栽培，周年栽培亩产量最高可达 20 000 千克以上（图 4-24）。

4. 京茄黑冠

新培育杂交一代茄子品种，植株长势中庸，叶片颜色深，该品种短粗，果形顺直，果长 15 ~ 20 厘米，果实横径 7 厘米左右，果头钝圆，果色黑亮，有光泽。每亩用种量 50 克，亩定植 2200 ~ 2800 株，结果多。需肥量大，整个生育期应保证肥水（图 4-25）。

5. 京茄 13 号

早熟一代杂交品种。植株长势强，节间短。果形顺直，短棒状，果长 25 ~ 30 厘米，果实横径 5 ~ 6 厘米，果色黑亮，连续坐果性强，产量高，耐寒性强，适合北方保护地栽培（图 4-26）。

图 3-25　京茄黑冠

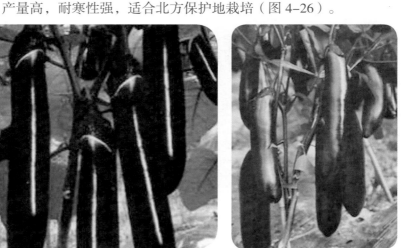

图 4-26　京茄 13 号

6. 京茄金刚

中早熟杂交一代长茄品种，植株生长势旺，连续结果能力强。

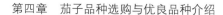

该品种果实粗棒状，果形顺直，果长 30 厘米左右，果实横径 5～6 厘米，果顶部钝圆，平均单果重 300 克左右，产量高。该品种果实紫黑，光泽度好，油光发亮，果肉紧密度好，耐低温弱光、商品性好（图 4–27）。

7. 京茄 16 号

中早熟杂交一代，果形顺直，果长 35 厘米左右，果实横径 6 厘米左右，果顶部钝圆。该品种果肉紧实，

图 4–27　京茄金刚

果皮光滑油亮，产量高。该品种果皮厚，耐贮运，货架期长。适合早春保护地或温室长季节栽培（图 4–28）。

图 4–28　京茄 16 号

图 4–29　京茄黑龙王

8. 京茄黑龙王

早熟杂交一代品种。该品种果形顺直，果长 35 厘米左右，

图 4-30　京茄黑霸

果实横径 5 厘米左右，果颜色黑亮，无阴阳面。该品种畸形果少，产量高（图 4-29）。

9. 京茄黑霸

早熟一代长茄品种。果形顺直，果长 35 厘米左右，果实横径 6 厘米左右，单果重 400 克左右，果皮光滑，黑亮，有光泽。该品种适应性广，产量高，可在我国南北方种植（图 4-30）。

10. 京茄黑靓王

中晚熟杂交品种。植株长势强，直立性好，连续坐果率强。果形顺直，果长 45 ~ 50 厘米，横径 5 厘米左右，果肉致密，果皮光滑油亮，耐贮运，货架期长，适合南方露地或保护地长季节栽培（图 4-31）。

图 4-31　京茄黑靓王

图 4-32　京茄 10 号

11. 京茄 10 号

中早熟、丰产、抗病长茄一代杂交种。植株生长势强，果实长棒形、果长 40 厘米、果实横径 6 ~ 7 厘米。果皮紫黑色、有光泽，果肉浅绿白色、肉质细嫩、品质佳、商品性极好（图4-32）。

12. 京茄204

中早熟杂交一代长茄品种，该品种长势强，连续结果性好，果形顺直，果长35～40厘米，果实横径5～6厘米，果实紫黑色，油亮。该品种耐低温弱光，适应性广（图4-33）。

13. 寿展QZ1608

紫黑长茄，植株长势中庸，果形较顺，果长35厘米左右，果实横径5～6厘米，光泽度较好，黑亮（图4-34）。

图4-33　京茄204

14. 寿展QZ1616

紫黑长茄。中晚熟，植株长势较强，果长30～35厘米，果实横径5厘米左右，果肉略偏硬（图4-35）。

15. 寿展QZ1613

紫黑长茄。中晚熟品种，植株长势较强，叶片较大，产量较高（图4-36）。

图4-34　寿展QZ1608

图4-35　寿展QZ1616

图4-36　寿展QZ1613

16. 极品茄霸

烧烤型茄子品种，茎秆粗壮，坐果密，连续坐果能力强，萼片紫色，果实粗长棒形，果长26～30厘米，横径6～8厘米，果实上下粗细均匀，果型漂亮，弯果少，单果重500克左右，果色黑亮。

品质佳，产量高。特别适合作为烧烤茄使用。中熟，适合露地种植，果皮厚耐贮运，籽粒少口感好（图4-37）。

图4-37 极品茄霸　　　　　　　图4-38 西南茄王

17. 西南茄王

新育成的烧烤型早熟茄子品种，茎秆粗壮，坐果密，连续坐果能力强，萼片紫色，果实粗长棒形，果长28～30厘米，横径7～9厘米，果实上下粗细均匀，果型漂亮，弯果少，单果重500克左右，果色黑亮。品质佳，产量高。颜色略红，黑中透红，软果肉（图4-38）。

18. 极早春王

极早熟杂交一代茄子品种，该品种生长势好，早熟不早衰，节间短，坐果密，连续坐果能力强，萼片紫黑色，果实长直棒形，果长28～35厘米，横径6～7厘米，果色油黑亮丽，颜色

图4-39 极早春王

不易受光照强弱的影响，果型顺直美观，果肉柔软细腻，品质佳，味甜，果肉耐氧化性好，耐逆性强，抗病，产量高。特别适合早春抢早上市的地区（图4-39）。

19. 川崎冠军

耐热型茄子品种，果色黑亮，不易变色，无阴阳面，茄型上下一样粗，产量高，易坐果，弯果少，果长35厘米左右，横径7~8厘米，果肉淡绿色，抗氧化性好，口感略甜，商品性极佳，抗病、高产，适合云贵川露地和保护地种植（图4-40）。

图4-40　川崎冠军

20. 黑帅长茄

济南茄果种业发展有限公司成功育成的茄子杂种一代。生长势强，坐果密，萼片黑紫色，果实粗直棒状，果长30厘米左右，横径8厘米左右，平均单果重600克左右，最大可达1000克，果色黑紫艳丽，无阴阳面，无青头顶。果肉淡绿色，口感好，果肉组织致密，耐储存，货架期长，抗逆性强，抗寒，抗病，产量高，适于设施早春栽培（图4-41）。

图4-41　黑帅长茄

21. 黑霸王长茄 F₁

由日本国引进，为近年来日本育成的新一代长茄杂交良种，高抗病、特别是对茄子的黄萎病、根线虫病有高抗性，丰产、质地最佳，综合适应性优良，对农药需求量极少。植株生长旺盛，叶片中等，半开放型、早熟，果实黑亮长大棒型，果皮

图 4-42　黑霸王长茄 F₁

黑亮，果柄和萼片均为紫色，果肉细嫩，营养丰富，耐储运，商品果长 28～45 厘米，亩产可达 25 000 千克，可利用日光温室对其周年栽培，是蔬菜生产绿色食品市场上取代其他长茄品种的最佳选择品种之一（图 4-42）。

（三）紫红长茄系列

1. 京茄 30 号

中早熟杂交一代茄子品种。植株长势旺盛，连续坐果能力强，畸形果少，果形顺直，长棒状，果长 40 厘米左右，果实横径 7 厘米左右，果实亮红色，有光泽，产量高，抗病性强，可在我国南北方棚室种植（图 4-43）。

2. 京茄 32 号

图 4-43　京茄 30 号

图 4-44　京茄 32 号

中早熟杂交一代，植株长势强，直立性好，连续坐果能力强，果形顺直，细长，果长 50 厘米左右，果实横径 3 厘米左右，果实亮紫红色，产量高，抗病性强，可在我国南北方棚室种植（图 4-44）。

（四）圆茄系列

1. 京茄黑宝

紫黑圆茄。早熟杂交圆茄品种。该品种株型紧凑，始花节位 6～7 节。果型周正，近圆球形，果脐小，畸形果少，果皮黑亮，光泽度好，商品性状佳。该品种耐低温弱光，适合早春保护地栽培。新育成早熟杂交圆茄品种。该种株型紧凑，始花节位 6～7 节。果型周正，近圆球形，果脐小，

图 4-45　京茄黑宝

畸形果少，果皮黑亮，光泽度好，商品性状佳（图 4-45）。该品种耐低温弱光，适合早春保护地栽培。北京地区春大棚栽培 12 月底至 1 月初播种，3 月下旬定植。定植密度：行株距 70 厘米 × 40 厘米，亩栽 2500 株左右。出苗适宜温度 25～28℃，开花结果适宜温度白天 22～28℃，夜间 12～18℃。花期激素蘸花。底肥应多施有机肥，后期注意追肥。

2. 京茄黑骏

紫黑圆茄。早熟，株型直立，连续结果能力强，产量高，适合保护地栽培。杂交一代圆茄品种。植株长势强，后期不早衰（图 4-46）。果形扁圆，黑亮有光泽，

图 4-46　京茄黑骏

单性结实能力强，较耐低温弱光，该品种产量高，保护地专用品种。

3. 京茄 1 号

中早熟，果实扁圆形，果皮亮黑色，商品性状好，植株长势强，株行直立，丰产、抗病、低温条件下易坐果。连续结果性好，平均单株结果数 8~10 个，单果重

图 4-47　京茄 1 号

500~600 克（图 4-47）。果实膨大速度快，畸形果少，适合保护地和早春露地栽培。

图 4-48　京茄 6 号

4. 京茄 6 号

早熟一代杂交品种。该品种株型直立，植株长势较强，连续坐果性强，平均单株结果数 8~10 个，单果重 600~800 克（图 4-48）。果实扁圆形，果色黑亮，有光泽，该品种产量高，商品性状优良。主要适宜春季拱棚及露地栽培。

5. 紫光圆茄

中早熟一代杂交品种，长势强，茎秆粗壮，株高 90 厘米左右，开展度 85 厘米左右。叶色深绿带红晕，始花 8~9 节，单花，连续坐果力好，抗病性强，后期不易衰老，再生力

图 4-49　紫光圆茄

强，果实发育速度快，平均单株结果数 10 个以上，果实近圆球形，果皮紫黑发亮，果肉浅绿白色，肉质细嫩，味微甜，籽少，果实硬度适中，大小均匀，品质佳，平均单果重 800～1500 克，一般亩产果 5000 千克左右（图 4-49）。对环境适应性广，特别是结果后期植株也能保持较强的生长优势。适于大棚、春露地越夏及秋季栽培。

6. 黑硕

本单位最新育成的杂交一代中熟茄子新品种，该品种生长势

图 4-50　黑硕

强，萼片紫色，果实高圆形，果色油黑亮丽，果型周正美观，畸形果率低，商品性佳，无阴阳面，果底部收口紧，果肉淡绿色，品质好，货架期长，耐长途运输，耐病、高产（图 4-50）。单果重一般 1000 克，最大可达 2000 克不变色。适宜露地及秋延迟保护地栽培。

7. 黑晶

杂交一代早熟品种，植株长势旺盛，抗病性强，果实扁圆形，果皮紫黑发红，着色均匀，有光泽，单果 650 克左右，适合早春保护地及露地种植（图 4-51）。

8. 黑天使

最新育成的早熟杂交一代茄子新品种，该品种生长势强，节间短，坐果密，果实扁圆，果色黑紫油亮，无明显的阴阳面，脐

图 4-51　黑晶

疡小，商品性极佳（图4-52）。果肉淡绿色，肉质致密，口感好，籽少，味甜，耐低温、弱光，耐贮运，高产。

9. 紫晶

该品种为早熟杂交一代品种，植株生长健壮，节间短，株型紧凑，果实扁圆形，紫色油亮，单果重650克左右，脐疤小，膨果速度快，果肉洁白细腻，品质佳，商品性好，适合早春保护地栽培（图4-53）。

图 4-52　黑天使　　　　　　　　图 4-53　紫晶

10. 茄杂2号

河北省农林科学院经济作物研究所选育的紫红色圆茄杂交种。生长势强，株高95厘米左右，开展度90~95厘米，始花节位8~9节，膨果进度快，连续坐果能力强。果实圆形，紫红色，果而光亮，果把紫色，果肉浅绿白，果实内种子少，肉质细嫩，味甜，切开后不褐变，可生吃也可熟吃（图4-54）。单果重550~800千克，最大2000千克。该品种抗逆性强，较抗寒，一般亩产5500千克以上，最高可

图 4-54　茄杂2号

图 4-55　快圆茄

达 10 000 千克，适宜早春保护地及露地栽培。

11.快圆茄

天津市郊区地方品种。株高 60～70 厘米，开展度 70 厘米。茎秆紫色，叶长卵圆形，绿色，叶柄及叶脉浅紫色。门茄着生于主茎第 6 节上，果实近圆形，纵径 10 厘米，横径 12 厘米，外皮紫红色，有光泽，肉质紧实，单果重 500 克左右（图 4-55）。早熟，从定植到始收约 45 天，果实生长快，前期产量高，耐寒性强，抗病虫能力强。

12.黑丽圆茄 F_1

国外引进杂交一代圆茄品种，植株生长势强，果实圆形，单果重 500～700 克，大的可达 1000 克以上（图 4-56）。果皮

图 4-56　黑丽圆茄 F_1

黑紫色，果柄着色好，有光泽，抗病性强，耐贮运，适宜于日光温室、大棚越夏及露地栽培，也适宜于棚室保护地反季节周年栽培。

13.二苠茄

中熟品种，适宜早春地膜或保护地栽培，生长势较强，株高 80 厘米，开展度 75 厘米。多在 7 叶着生门茄，果实圆球形或者略扁圆球形，商品用果横向直径为 12～15 厘米，纵向直径高于 10 厘米，果实顶部的颜色较浅，果实黑紫色，有光泽，果肉白，组织细嫩，籽少，品质好（图 4-57）。单果重 750 克左右，定植后 50 天开始收获，每亩定植密度 4500 株，一般每亩产 4000 千克以上。

14. 日本黑又亮

快圆茄子的最新换代产品，日本引进，最新杂交育成，早熟品种，生长势强，第六片真叶显花蕾，每隔 1 ～ 2 片叶一花序，茎及叶脉紫黑色，果实扁圆形，果脐部收口紧，果皮紫黑色，有光泽，商品性极好，果肉白嫩细腻，口感好，耐贮运，平均果重 800 克，耐低温、弱光，每亩产量可达 20 000 千克以上（图4-58）。

图 4-57 二芪茄

图 4-58 日本黑又亮

（五）矮茄系列

1. 曾茄 3 号

又称改良型济丰一号，俗称"茄王"，中晚熟杂交种。株高 140 ～ 160 厘米，开展度 120 厘米。果实长卵圆形，果皮紫黑油亮，萼片绿色，单果重 750 ～ 1000 千克（图4-59）。高产、优质、抗病，坐果率高，采收期长达 140 天。一般亩产量 8000 千克，最高可达 12 000 千克，适宜全国各地保护地栽培。

图 4-59 曾茄 3 号

2. 新乡糙青茄

新乡市郊区农家品种。该品种株高 65～80 厘米，生长势强，门茄着于主茎第 6～7 节上。果实卵圆形，外皮青绿色，果肉绿白色，肉质致密，味甜，品质好（图 4-60）。单果重 350 克，早熟，适宜密植。全生育期 210 天，抗病、抗热，雨水过大时易烂果，适宜早春温室、大中小棚栽培，亩产 5000 千克。

图 4-60　新乡糙青茄

第一节 育苗技术

一、嫁接育苗技术

（一）选择砧木和接穗

1. 砧木的选择

目前寿光茄子栽培全部采用嫁接，菜农已经放弃自育自根苗而改由从育苗厂购嫁接苗，经过多年的试验对比，目前嫁接茄子常用的砧木多为托鲁巴姆（图5-1），其嫁接亲和力和共生亲和力都强，且嫁接后成活率高、长势好、抗逆性增强，对接穗的主

图 5-1 作为嫁接砧木的托鲁巴姆种苗
左：穴盘基质育成的托鲁巴姆砧木苗；右：营养钵育成的托鲁巴姆砧木苗

防病害如根结线虫病、根腐病、黄萎病、枯萎病及青枯病等土传病害表现为高抗或免疫，对接穗果实的品质基本无不良影响，也有的育苗厂用托托斯加、赤茄等作为砧木，但还是托鲁巴姆为最佳砧木首选。

2. 接穗的选择

接穗的选择要根据菜农自己的种植习惯和市场需求，寿光菜农种植的品种主要有三类：绿萼长茄、紫萼长茄以及圆茄。绿萼长茄代表性品种主要有东方长茄 765（图 5-2）、布利塔、超利 901、京茄 21 号、965 等，紫萼长茄代表性品种主要有大龙（图 5-3）、黑霸王长茄 F_1、巨丰王长茄等，圆茄代表性品种主要有快圆茄（图 5-4）、硕圆黑宝（图 5-5）、黑丽圆茄 F_1、大阪力士等。

图 5-2　东方长茄 765 接穗作业

左上：东方长茄 765 茄苗；右上：嫁接中的东方长茄 765 茄苗

左下：嫁接在托鲁巴姆砧木上的东方长茄 765 接穗；右下：即将收获的东方长茄 765

图5-3　大龙长茄接穗作业
左上：大龙长茄茄苗；右上：嫁接中的大龙长茄茄苗
左下：嫁接在托鲁巴姆砧木上的大龙长茄接穗；右下：即将收获的大龙长茄

图5-4　劈接法嫁接的快圆茄即将移栽

图 5-5　硕圆黑宝圆茄接穗作业

左上：硕圆黑宝圆茄苗；右上：采集的即将嫁接的硕圆黑宝圆茄苗的接穗穗头
左下：刚刚嫁接在托鲁巴姆砧木上的硕圆黑宝接穗；右下：即将收获的硕圆黑宝圆茄

（二）栽培茬口

寿光市栽培茄子的茬口以全年一大茬栽培为主，也有一部分进行早春茬、越夏连秋茬、秋冬茬、冬春茬栽培的，但由于都涵盖于全年一大茬栽培全程之中，所以不占主流。各种茬口茄子的播种时间取决于砧木生长速度的快慢，托鲁巴姆生长速度较慢，需比接穗提前 20 ~ 40 天，这跟温度、光照等都有关系，夏季温度高、光照好时则时间短，冬季温度低、光照弱时则时间长。

1. 日光温室一大茬栽培。

一般在 6 月中下旬播种砧木托鲁巴姆种子（图 5-6、图 5-7），

20 天后播种接穗种子，此时温度高、光照好，育成嫁接苗需要的时间为 65 天左右，8 月底左右定植，10 月中下旬开始采收。

2. 秋延迟栽培。

一般于 5 月上旬播种砧木种子，5 月下旬播种接穗种子，7 月初定植，8 月中下旬开始收获。

图 5-6　托鲁巴姆种子　　　　　图 5-7　由于托鲁巴姆需求量大，育苗企业商业化经销的托鲁巴姆种子

3. 早春茬栽培。

此时的环境条件是低温、弱光，所以一般育成嫁接苗需要 90 天左右的时间，时间的长短主要取决于育苗时的温度。可于 11 月上中旬在温室播种砧木种子，12 月中下旬播种接穗种子，1 月中下旬嫁接，2 月上中旬定植，3 月下旬至 4 月初开始收获。

此外，还有越夏连秋茬、秋冬茬、冬春茬等，也各有其播种和嫁接时间和特性。

（三）播种育苗

1. 错期播种

因托鲁巴姆生长速度慢，所以要先播种托鲁巴姆种子，等其长到 1 叶 1 心时再播种接穗种子，用 100～200 毫克 / 千克赤霉素溶液浸泡砧木种子可使其出芽整齐、芽率高，浸泡时间为 24 小时，捞出种子装入布袋中，置于 25～30℃催芽箱（图 5-8）中进行催芽（图 5-9），每天清洗种子 1 次，直到出芽到播种适期为止，一般 5 ~ 6 天开始出芽，7 天后即可播种。每亩棚室用砧木种 10 克左右，接穗种 15 克左右。砧木种子可先撒播到土壤中，等到 1 叶 1 心时再移栽到 50 穴穴盘中，接穗种子可将茄籽直接播种到 72 穴穴盘（图 5-10）中，中间也可换一次穴径较大的 50 穴穴盘 或 32 穴穴盘，以备嫁接（图 5-11）。穴盘中的基质用进口草炭、珍珠岩、蛭石或只用进口草炭和珍珠岩混拌而成，寿光目前茄子育苗全部使用进口草炭的育苗厂不在少数（图 5-12、图 5-13、图 5-14）。

茄子播种目前大部分采用人工播种，但近年来也有许多茄子

图 5-8　催芽箱及装有托鲁巴姆种子的布袋

图 5-9　催芽 5 ~ 6 天开始出芽的托鲁巴姆种子

图 5-10　各种常用穴数的穴盘
左：50 穴穴盘；中：72 穴穴盘；右：32 穴穴盘

图 5-11　东方长茄 765 的换穴盘作业

图 5-12　寿光市孙家集街道鲁誉种苗公司育苗全部使用进口草炭土

图 5-13　从德国进口的草炭土享有盛誉

图 5-14　山东寿光蔬菜种业集团育茄子苗全部从德国进口的草炭土

图 5-15　半自动化的穴盘基质播种机

种植中型企业或育苗厂采用了半自动化的穴盘基质播种机，播种速度约在 200 盘 / 小时、5.5 万粒以上（图 5-15），投资在 1.5 万 ~ 3.0 万元，大多数属于压穴翻转式精量播种机，主要配置相应的播种板和吸种嘴，对种子大小有一定要求，种子最小需大于 0.2 毫米，最大不超过黄豆大小，常规茄子规格正好适用。可配播种板 288 孔、200 孔、128 孔、98 孔、72 孔、50 孔，播种板与穴盘配套，穴盘的规格必须为 54 厘米 × 28 厘米，播种时一次一盘，使用高效方便，操作简单。在规定范围内大小种子都能播，可查看播种效果，人工干预播种率 100%，1 台设备抵 10 个人工，适合圆种子，扁种子，发芽种子，适用范围广泛，播种率高。

而更贵的价格在 20 万 ~30 万元的接近全自动穴盘基质播种机，近年来在大型企业山东寿光蔬菜种业集团育苗车间也开始了使用（图5–16）。

山东寿光蔬菜种业集团育苗车间开始使用的接近全自动穴盘基质播种机是赛得林（SEEDLING）蔬

图 5–16　接近全自动化的穴盘基质播种机

菜穴盘育苗自动播种机，生产厂家是位于浙江台州的喜德电子有限公司，以赛得林 SDL–2100 型为例，组成部件包括 SDL–2600 型基质供应机、SDL–1700 型自动播种机、SDL–2200 型覆土机、SDL–2100 型浇水机等，其产品主要特性是，精确控制种子表面覆土层的水量，对种子发芽非常的重要，能使各种盘内的基质达到所需要的湿度，可调节水流量和所喷水点大小，自动控制喷水时间，全部完成作业后，进入到输送平台最后部，自动关闭洒水机，防止穴盘撒落地上，播种速度约在 300 盘 / 小时、9.5 万粒以上，性能十分优异。

2. 嫁接

目前嫁接茄子多采用劈接法（图5–17）和斜贴接法。

（1）劈接法。劈接法是茄子嫁接栽培使用的最主要的方

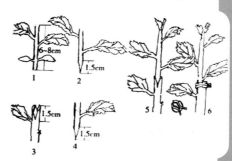

图 5–17　茄子劈接法示意
1. 砧木切口的高度；2. 接穗；3. 砧木切口深度；4. 接穗插入砧木口内的长度；5. 劈接上接穗的植株；6. 用嫁接夹子固定住接穗

法，该嫁接法不仅操作简单，而且成活率能达到95%以上，且接穗不论粗、细均可使用，苗子稍大易于成活（图5-18）。嫁接前准备好嫁接台（图5-19、图5-20、图5-21、图5-22、图5-23、）、刀片（图5-24、图5-25、图5-26）、圆口嫁接夹（图5-27、图5-28）、多菌灵、酒精等。嫁接时将生有5~6片真叶的砧木从第2~3片真叶着生处（距基部6~8厘米）和接穗粗细相当的部位，将茎部切断，切口要平整（图5-29），后随即在切断的嫩茎上从中心切开长1.0~1.5厘米的接口；在生有4~5片真叶的接穗幼苗上

图5-18 劈接法刀口愈合后，拿掉嫁接固定夹时可观察到其愈合生长状况，下部砧木：托鲁巴姆，上部接穗：东方长茄765

图5-19 大中型育苗企业的正规嫁接台

图5-20 简易矮桌，是一般育苗厂最常见的嫁接台，棚室内有良好的照明设备，大忙季节用于加班加点挑灯夜战

图5-21 塑料周转箱侧放，常常作为简易嫁接台

图 5-22　泡沫箱侧放，常常作为简易嫁接台

图 5-23　苗床，常常作为简易嫁接台

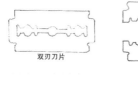

图 5-24　刀片可使用一般的双刃刀片，使用时将其一掰两半，去角包缠，既便于操作，又节省刀片

图 5-25　不锈钢强化刀片，也是一分为二，包缠使用

图 5-26　有经验的专业嫁接队，把刀片固定在专用固定器上，切削砧木和接穗更加简单方便，熟练后，只要将茄苗嫩茎轻轻向下一碰，就可一气呵成完成切割和嫁接

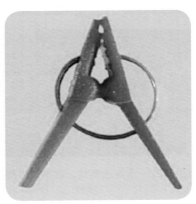

图 5-27　嫁接夹
左：圆口嫁接夹；右：平口嫁接夹

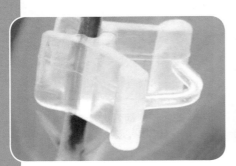

图 5-28　新一代弹性橡胶嫁接夹，广泛用于茄子嫁接，斜贴接效果佳

图 5-29　熟练的专业嫁接工，往往先将托鲁巴姆砧木平整削好，固定夹套在其下基部，再快速嫁接已经采集好的穗头，大大加快了嫁接效率

保留 2～3 片嫩叶从下部切断，然后将茎部削成长 1～1.5 厘米 的楔形，下刀削茎时力求两侧的斜度相等，切削面平滑，然后将削好的接穗插入砧木的接口，使接穗和砧木形成层互相对准，后用嫁接夹固定（图 5-30、图 5-31）。

　　（2）斜贴接法。一般用于接穗苗和砧木苗较小时进行嫁接，方法是直接将砧木和接穗从一定的地方按一定的角度将茎断开（图 5-32）后，将接穗和砧木贴合起来，再用圆形嫁接夹将两者固定好后栽到苗盘中（图 5-33，5-34）。

　　（3）插接法。插接法在茄子嫁接

图 5-30　山东寿光蔬菜种业集团嫁接车间内在托鲁巴姆砧木上用劈接法嫁接的布利塔长茄二芽

实际中较少使用或几乎不使用了。嫁接茄子不需用嫁接夹固定，接穗幼小更不易感染枯萎病，但该法嫁接后其栽培管理技术要求较劈接法更严格。插接的适宜时期是砧木长到 3～4 片真叶，接穗长到 2～3 片真叶。砧木在第 1 真叶以上将茎部切断，并剔除第 1 真叶的腋芽，接穗从子叶节略上处下刀，向下削掉子叶及部分嫩茎，形成 5～8 毫米 的楔形接口。

图 5-31　劈接法嫁接成功后即将定植的成苗，下部砧木：托鲁巴姆，上部接穗：布利塔

图 5-32　斜贴接用的托鲁巴姆砧木

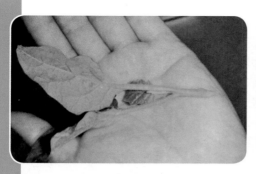

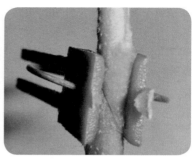

图 5-33　斜贴接用的茄子接穗　　图 5-34　斜贴接接穗茄苗的伤口愈
　　　　　　　　　　　　　　　　　　　　　　合处

用嫁接针，从砧木第 1 真叶的对侧向第 1 真叶叶柄以下斜向（为 15°～20°）插入嫁接针至苗茎的表皮，将嫁接针取出后立即把接穗顺插孔插入砧木，即完成了插接。插接法嫁接茄子因使用的接穗比较小，所以在嫁接过程中一定要注意保持棚室内的湿度，以防接穗萎蔫，但阴雨天湿度大接口容易被病菌感染，所以嫁接要选在晴天时进行。

　　3. 嫁接苗管理。

　　茄子嫁接苗成活率的高低主要取决于嫁接后的管理，茄子嫁接口愈合期在 10 天左右，这一阶段是决定成活率高低的最关键时期，要创造适宜的温度、湿度及光照条件，以利于嫁接口快速愈合。

　　（1）温度。茄子嫁接苗愈合适宜的温度是白天 25～28℃、夜间 20℃左右，温度低于 20℃或高于 30℃均不利于接口愈合，且降低嫁接成活率，所以低温季节嫁接要在棚内设小拱棚提高温度，甚至要配置电热线，以保证达到需要的温度；而高温季节嫁接，则要采取办法降低温度，可以通过育苗日光温室一端的降温风机（图 5-35）、湿帘（图 5-36）、搭遮阳棚、覆盖遮荫网（图 5-37）等设备和措施来降温。

　　（2）湿度。为防嫁接后接穗失水，嫁接处和苗棚内空气湿度要保持 90%～98%，中小型育苗厂常采用塑料膜遮光保湿（图 5-38）。若湿度不够可在苗床下浇水，为防病菌感染接口不要在苗上喷水。5～7 天后逐渐揭开薄膜，并根据需要进行浇水，

图 5-35　育苗日光温室一端的降温风机，从温室内部向外鼓风，以便将湿
　　　帘一侧的冷空气传递到温室全部空间，达到夏季降温目的
　　　左：日光温室内观察降温风机；右：日光温室外观察降温风机

图 5-36　育苗日光温室一端的降温湿帘
左：日光温室内观察湿帘；右：日光温室外观察湿帘

图 5-37　育苗日光温室覆盖的遮荫网
左：日光温室内观察遮阴网；右：日光温室外观察遮荫网

图 5-38　嫁接后的塑料膜保湿

9~10 天去掉薄膜，转入正常湿度管理，浇水都要在上午进行，高温季节每天浇水一次、低温季节 2~3 天浇水 1 次，浇水量以浇透育苗基质为宜。

（3）光照。为防止苗棚内温度过高和湿度不稳定，嫁接后要用遮阳网或草苫遮阴，避免阳光直射引起接穗萎蔫。嫁接后 3~4 天全天遮光，此后早晚透光、换气，9~10 天接口愈合，逐渐撤掉覆盖物，转入正常管理。

（4）营养。用穴盘育苗时，每次浇水都要加上肥料一起施用，可施用海法保力丰（N-P-K 含量为 20-20-20）1000 倍液，期间可用 1~2 次爱增美（0.03% 丙酰芸苔素内酯）3000 倍液，以促进生根、提高抗逆能力。

在嫁接苗的接口愈合过程中，要及时摘除下部砧木的萌芽，嫁接后 20~30 天，在植株 6~9 片叶、茎半木质化、株高 20 厘米 以上时可进行定植。

二、工厂化嫁接育苗技术规程

山东省自 2005 年开始实施茄子工厂化嫁接育苗，一方面是由于国外长茄品种种子价格高，另一方面是为防止茄子黄萎病和枯萎病的发生。几年来，仅山东省寿光市百利育苗场和天源农业科技发展有限公司每年培育的茄子嫁接苗就有 600 万株，种植面积达 200 公顷，累计推广面积 1000 公顷，主要分布在寿光纪台镇、田柳镇、孙家集街道、稻田镇等。茄子工厂化嫁接育苗技术推广后，每年每亩节省土传病害防治成本 400 元，增产 10% 以上。

茄子工厂化嫁接育苗是以穴盘育苗技术为基础，利用先进的育苗设施和设备将现代生物技术、环境调控技术、施肥灌溉技术、管理技术贯穿茄子嫁接苗生产全过程，以现代化、企业化的模式组织嫁接苗生产和经营，从而实现嫁接种苗的规模化生产。据寿光市内较大育苗厂和农户反映，采用自动化（或人工）播种并集中育苗，节省人力物力，与常规育苗相比，成本可降低 30%～50%；穴盘苗质量轻且基质保水保肥能力强，适宜长途运输；工厂化嫁接育苗成苗率高，可达 90% 以上，且嫁接苗的抗逆性增强，定植时不伤根，没有缓苗期。下面以生产中常用的劈接法为例，托鲁巴姆为砧木、以布利塔长茄为接穗，接穗采取培育一次实生苗，在嫁接适宜期多次采集的方法，介绍茄子工厂化嫁接育苗管理规程。

（一）基质的选择

茄子幼苗喜肥耐肥，适宜选择肥活疏松、透气性好、p 小时值为 6～8 的弱酸性基质。生产中多选用基质配方是草炭∶蛭石∶珍珠岩为 7∶2∶1，同时加入 0.5% 微生物肥（有益菌≥ 2 亿/克，有机质≥ 20%）、50% 多菌灵可湿性粉剂 800 倍液及宝力丰水溶性肥料（N20-P20-K20）1 000 倍液，以增加基质养分供给能力和抗病能力。

（二）品种的选择

嫁接砧木应选择与茄子常用品种亲和力好、抗逆性强、抗线虫病、黄萎病、枯萎病等的品种。生产中常用的砧木品种有托鲁巴姆（日本莳田种苗株式会社产品）、托托斯加（美国引进）、赤茄、无刺常青树等。常用的接穗长茄品种有瑞克斯旺（中国）种子有限公司的东方长茄 765、布利塔、702 及国内培育的绿箭等，圆茄品种有快圆、二茂等。

（三）培育适宜嫁接的健壮接穗苗

根据农民的需要选择接穗品种。每株接穗苗可在 2～3 个月的育苗季内采集 7～8 次接穗，应根据全年接穗的需要量确定播种面积。育苗床的建造方法：5 月下旬至 6 月初对大棚内土壤进行深翻 30 厘米以上，结合翻地每亩施生物有机肥（含有机质 30%、氮磷钾 8%、腐殖酸 12%、氨基酸 10%、活性菌 0.2 亿/克）1000 千克。在棚内按南北走向做垄宽 20 厘米、垄高 20 厘米、畦宽 1.0 ~ 1.5 米 的高垄低畦，将畦整平耙匀后播种。采取高密度育苗，当幼苗一叶一心时移栽至分苗床内，株行距 10 厘米见方。播种前要浇透底水，播种后出苗前要加强地下害虫、立枯病及猝倒病的防治。防治地下害虫可用 20% 噻虫嗪（阿克泰）水分散粒剂 1000 倍液喷洒茄子幼苗和地面，防治立枯病及猝倒病可用 53% 精甲霜灵 + 代森锰锌（金雷多米尔锰锌）水分散粒剂 600 ~ 800 倍液喷雾。

（四）培育健壮的砧木苗

茄子砧木要早于实生苗 15 ~ 20 天播种。砧木采用 50 孔穴盘育苗，可采取机播或人工播种方式，对于人工比较便宜的地区建议选择人工发芽（图 5-39）与播种，既可使播种量精确，在播种同时还可挑选出瘪、坏种子。播种前要检测种子发芽率，选择发芽率在 90% 以上的优良种子。为了提高种子的发芽率，可以用 50 毫克 / 千克赤霉素溶液浸泡种子 24 小时，待种子风干后播种，深度为 1 厘米，播后覆盖基质，浇透水后把播种

图 5-39　托鲁巴姆发芽种子

穴盘置于催芽室，调节催芽温度为昼 25 ~ 30℃，夜 20 ~ 25℃，环境相对湿度在 90% 以上。

幼苗期要求白天温度 20 ~ 26℃，夜间 15 ~ 20℃。幼苗子叶展平时可随水施肥，开始浇施 150 毫克 / 升三元复合肥，后逐渐加大肥液浓度，可用三元复合肥 2000 倍液和宝力丰水溶性肥料 1000 倍液轮换追肥。追肥水流不宜过急或过大。补苗要在幼苗一叶一心时进行，同时去除弱苗和病苗。如果幼苗出现徒长，可施用 15% 多效唑可湿性粉剂 6000 倍液，之后加大肥水用量，防止出现脱肥脱水现象。

苗期的主要病害是猝倒病和立枯病，虫害主要是蚜虫、白粉

虱、蓟马、夜蛾等。猝倒病和立枯病用 45% 霜霉威（普力克）水剂或 30% 多菌灵福美双（苗菌敌）可湿性粉剂 800～1000 倍液进行喷雾防治，同时加强改善温室内通风透光条件，降低温室内湿度。蚜虫和白粉虱用 1.8% 阿维菌素乳油或 20% 吡虫啉可湿性粉剂 1000～1500 倍液喷雾防治。如果肥水和农药在同一天施用，最好上午施肥，下午施农药。也可在育苗室悬挂黄板诱杀蚜虫和白粉虱，同时在温室的上、下放风口处均设置防虫网。

当砧木幼苗高 10 厘米左右、具有 5～6 片叶、茎粗 0.4～0.5 厘米时可进行嫁接，嫁接前要剪去幼苗子叶以上的茎，只保留子叶以下的茎。

（五）嫁接方法和嫁接场所的消毒

茄子嫁接主要采用劈接法，也可采用贴接法。贴接法一般用于接穗苗和砧木苗较小时进行嫁接，方法是直接将砧木和接穗从一定的地方按一定的角度将茎断开后，将接穗和砧木贴合起来，再用圆形嫁接夹将两者固定好后栽到苗盘中。而劈接法则当砧木苗和接穗苗较大时应用。在生产中可把两种嫁接方法结合起来进行嫁接育苗，可显著提高育苗效率。

当茄子砧木苗龄 45～60 天、接穗苗龄 30～35 天时即可进行嫁接，选择晴朗天气，在弱光、常温遮阳、自然无风的条件下进行。嫁接场所选在距离愈合室近处或遮阳棚附近，以便嫁接苗能及时移置到保温保湿又遮阳的地方。嫁接场所卫生是嫁接成功的关健，嫁接场所首先要清理干净，保证附近无病原物（图 5-40），其次要用紫光灯消毒 30 分。

图 5-40　山东寿光蔬菜种业集团育苗嫁接车间

（六）接穗采集

当茄子接穗苗主茎 4～6 节、茎粗 0.4～0.5 厘米时，可剪取接穗。剪接穗时取实生苗茎上部的两节作为接穗段，要求具有生长点、2~3片叶、2个节间，基部粗度0.4~0.5厘米。剪接穗要在晴天进行，接穗剪口要求平齐，操作时避免给茄苗造成伤口。剪后要及时喷杀菌剂，可选用45%代森锰锌可湿性粉剂600~800倍液或50%多菌灵可湿性粉剂600倍液。采接穗后及时施用肥水以促进侧枝萌发，每亩随水施复合肥（N：P：K为14：16：15）20千克，每一育苗季采接穗4~5次，可节约嫁接成本。

（七）嫁接

每个苗盘的砧木苗剪完子叶以上的茎后，把砧木苗和剪取的接穗随即转移到嫁接场所进行嫁接。当砧木苗和接穗苗茎粗超过0.4厘米时，采用劈接法进行嫁接。嫁接时先用刀片将砧木茎从中间向下切削1厘米深，然后将接穗茎下部从两面削成长1厘米的楔形，把接穗插入砧木中间，注意将砧木和接穗的木质部和韧皮部对齐，然后用圆形嫁接夹固定嫁接口。一苗盘嫁接完后迅速将其放到愈合室中进行提温、遮阳、保湿处理。

（八）嫁接苗愈合室实用管理技术

愈合室内主要环境参数：相对湿度90%~95%；温度16~28℃，白天处于高温段，夜间为低温段；光照管理，一般嫁接后3天内避光，3天后逐渐从弱光缓变为普通光照，开始时光照强度以4000~5000勒克斯为宜；风速小于每秒0.3米。

嫁接后6~7天，嫁接苗愈合室保持高温高湿并遮阳，能促进嫁接苗伤口的愈合，提高嫁接苗成活率。经实践证明，嫁接苗集中放置在愈合室（图5-41）比置于普通遮阳棚更利于伤口愈合，愈合成活时间可由6~7天缩短为4~5天。

图5-41　山东寿光蔬菜种业集团
育苗温室嫁接愈合室

（九）嫁接苗伤口愈合后的管理

嫁接苗在愈合室内成活后要转移到温室内遮阳棚中进行管理，1～3天遮阳率应达75%以上，相对湿度达80%以上，以后逐渐加大透光率和通风量，5～6天当嫁接苗成活后完全透光。苗盘干旱时要从苗盘底部浇小水，不要从上部喷水且水量不要高于嫁接口，以免影响伤口愈合。

（十）嫁接苗成苗标准

嫁接成品苗的壮苗标准：苗高15厘米，茎粗0.5厘米，四叶一心，根系发达，叶色亮绿，无病虫害。

三、实生苗分段和老枝萌芽嫁接育苗技术

寿光菜农经过长期探索，逐渐摸索出了多种成熟的嫁接育苗技术，可有效防治线虫等土传病虫害发生。目前，茄子嫁接育苗技术在寿光日光温室茄子栽培中广泛应用。在当前进口种子比较昂贵的情况下，育苗厂家为了节省种子购买成本，增加嫁接出成率赚取更大利润，一是采用实生苗分段嫁接方法来培育种苗，二是采用老枝萌芽嫁接方法来培育种苗。现将茄子嫁接育苗中实生苗分段和老枝萌芽嫁接育苗技术介绍如下。

（一）实生苗分段嫁接育苗技术

寿光茄子嫁接育苗播种时间在6月上旬至7月上旬，一般接穗播种时间较砧木播种时间晚7～10天。具体播种育苗时间根据种植需要而定。"头接"（也称"原头"）与"二接"（也称"二芽"，图5-42）、"三接"（也称"三芽"）所用砧木播种间隔时间

图5-42　斜贴接法嫁接的"二接"快圆茄嫁接苗

为 3~5 天，有时菜农为省事，也同时播种。老枝更新扦插嫁接所育苗定标时间要较一般嫁接种苗定标时间提前 15 天左右。菜农对"二芽""三芽"也不排斥，因为购买"二芽""三芽"嫁接苗比之"原头"嫁接苗，成本能便宜 10%~20%，各段嫁接苗最终产量差不多，育苗厂家事先向菜农购买者声明是哪个段的嫁接苗。实生苗分段嫁接育苗即一棵苗分为三段来嫁接，这样，一粒种子或一株苗子就可分生为三棵苗或者更多棵苗，一般控制在三段以内。分段嫁接的步骤是：

1. "头接"

在接穗长到六叶一心时，取其顶端二叶一心与砧木嫁接，称为"头接"。取接穗头后的接穗苗需要继续培育，一般浇一遍清水或加入少许尿素浇水，以促长，可用 72% 普力克水剂 800 倍液喷雾，以防止病菌感染。

2. "二接"

"二接"即指用"头接"后养生的接穗，取其上端 2 个节间与砧木嫁接。在嫁接时将接穗上的叶子全部摘除，以减少嫁接后的水分蒸发。

3. "三接"

"三接"即指用"头接""二接"后，接穗上端的 2 个节间与砧木嫁接。

（二）老枝萌芽嫁接

老枝萌芽嫁接可分为萌芽直接嫁接和萌芽扦插嫁接。

1. 扦插苗床的准备

在砧木苗床的附近建设扦插苗床。苗床宽 1.2~1.5 米，垄宽 20 厘米、高 10 厘米。首先把苗床畦面上 20 厘米深的土挖出畦外，底部要整平踏实撒上草木灰。然后用 60% 的无病田园土和 40% 充分腐熟的优质圈肥过筛，在每立方米营养土中加入 50% 的多菌灵可湿性粉剂 80 克，混匀后填入扦插苗床内，深度达到 20 厘米，灌透水，待水渗下后进行扦插。

2. 萌芽

在上茬茄子收获完后，从四母斗茄子的结果部位及时将老株枝条全部剪除，只留 10～15 厘米 高的茎茬。操作要在晴天进行。浇水 1 次，以水渗透根系为宜。用 400 倍液 72 % 普力克水剂的药液灌根，结合浇水，每亩冲施用 25 千克复合肥，地膜覆盖保温保湿，促进萌芽。

3. 老枝萌芽直接嫁接

在上茬茄子收获盛期结束后，从四母斗茄子的结果部位剪除其上的老枝，然后加强肥水管理，培育老枝上萌发的新枝芽。当新枝芽的直径和砧木直径相等时，取新枝芽与砧木嫁接或取新枝芽扦插成活后与砧木嫁接。其特点：节省种子或购苗成本；与同期实生苗嫁接相比，坐果晚 10～15 天，产量、品质相同。

4. 老枝萌芽扦插嫁接

当萌芽有 3～4 片叶时，剪取萌芽进行扦插。扦插前为使萌芽快速生根，萌芽基部要蘸上 ABT 生根粉。扦插完一个苗床后，要迅速用薄膜和遮阳网封闭苗床，以保温保湿。当扦插苗高 15～20 厘米、茎粗与砧木粗基本一致时就可进行嫁接。

四、专业化嫁接队伍

近年来随着茄子嫁接苗的效益日益提高和棚室茄子栽培产业化的需求，以山东省、辽宁省、河北省、河南省为代表的专业嫁接队伍应运而生，最典型的是山东省济南女子育苗嫁接队和朝阳凌源女子嫁接队。

（一）济南女子育苗嫁接队

济南女子育苗嫁接队成立于 1996 年，前身是山东省农业科学院为"中国西瓜之乡"济阳县仁风镇育苗厂培训的嫁接队，经 11 年的发展，团队已达 500 多人，专业嫁接茄子、辣椒、西瓜、黄瓜、甜瓜、苦瓜、冬瓜、番茄等以茄果类和瓜果类为主的 8 个种类蔬菜，嫁接队足迹遍及山东、河南、安徽、湖南、湖北、云南、甘肃、宁夏回族自治区（全书简称宁夏）、江苏、山西、内蒙古自治区

（全书简称内蒙古）、河北、辽宁等22个省市自治区，甚至走出国门，业务范围扩展到俄罗斯、蒙古、老挝及东南亚各国，60多人拥有出国护照，还受到过山西省、湖南省省级领导的接见，被

图 5-43　济南女子育苗嫁接队嫁接茄苗

安徽电视台、内蒙电视台、新疆电视台及各种网络媒体报道过，所到之处都受到当地干群的欢迎及好评。济南女子育苗嫁接队技术过硬、每年定期考核，技术把关，从成立以来从未出现过因嫁接技术不过关给客户造成的经济损失，并常年输出育苗技术员、长期供应嫁接工。女子嫁接队工作在全国各地，有时化整为零，一只队伍分成八九个分队，转战南北，分头接活，同时也把嫁接技术传播到各地，为贫困地区的农业产业化调整，经济发展做了积极的工作，先后在山西、宁夏、甘肃、内蒙古、河南等26个乡镇培训学员2000多人，带动了贫苦地区的农业发展（图5-43）。

（二）朝阳凌源女子嫁接队

具有"辽西最大育苗工厂"之称的凌源种苗中心，位于辽宁省朝阳市凌源市，年培育茄子、番茄、辣椒等各类蔬菜苗供应朝阳、锦州、赤峰等地的温室保护地市场。为加快产业化进程，种苗中心聘请的女子嫁接队人均日嫁接种苗5000株，达到了国内领先的水平，日接菜苗6万株。种苗嫁接是一项新技术，嫁接后的种苗抗病能力较强。过去，凌源搞种苗嫁接，每人一天最多只能嫁接500株，速度慢。从2011年起，种苗中心聘请女子嫁接队对本队技术人员进行培训，这支训练有素的嫁接队两人一组，一人削苗一人插苗，5秒钟就能完成一株苗的嫁接，平均每人每天嫁接5000株，最高的达到8000株。这支女子嫁接队共由160人组成，每年7月，茄子、黄瓜苗等蔬菜的嫁接任务最为繁忙，辽西及凌源等地在9月需完成设施保护地的定植任务，种苗中心每年约完

成 6000 万株苗的培育任务。

（三）邯郸超越女子嫁接队

邯郸超越女子嫁接队团队已达 200 多人，专业嫁接茄子、番茄、辣椒、西瓜、黄瓜、甜瓜、苦瓜、冬瓜等以茄果类和瓜果类为主的 8 个种类蔬菜。嫁接队经常分成七八个小分队，天南地北应急接活，足迹遍及山东、云南、河南、安徽、湖南、湖北、甘肃、宁夏、江苏、山西、内蒙古、河北、辽宁等地，山东寿光嫁接苗量大，邯郸超越女子嫁接队屡次集中 70～80 名队员来应急（图 5-44）。

图 5-44　邯郸超越女子嫁接队

（四）育苗厂嫁接队

寿光、青州、淄博、德州等保护地茄子集中连片种植区，每个育苗厂都有自己相对固定的嫁接队伍，队员训练有素，大部分来自本地或周边，以本村邻村居多，也有来自鲁南、鲁西南以及河南等地的外地来打工的嫁接工，工作时间多半集中在 14：00—22：00，每嫁接成活一株茄苗给 0.08 元劳务费，每人每天嫁接 3000～5000 株茄苗，日工资达 240～400 元，大忙季节则加班加点计件工资，上午和晚间也突击抢接，挑灯夜战已经不足为奇（图

图 5-45　大忙季节挑灯夜战
嫁接茄苗已经不足为奇

5-45）。寿光当地茄子嫁接队较有名气的是青青种苗专业合作社，每年的茄子出苗量十分庞大，因此青青种苗拥有自己的茄子专业

嫁接队，闲时 20 人左右，旺季时 50 多人，她们从事茄子嫁接管理多年，经验丰富（图 5-46），育出的苗子茎秆粗壮，叶片伸展，定植后缓苗快。青青种苗专业合作社是寿光专做茄子种苗、特别是托鲁巴姆种子和种苗较早的农民合作组织，其经营的托鲁巴姆砧木于 2016 年 4 月在寿光市蔬菜协会举办的首届寿光蔬菜选美比赛中被评为"最美砧木品种"（图 5-47）。

图 5-46　寿光青青种苗专业合作社茄子嫁接队

图 5-47　托鲁巴姆砧木 2016 年 4 月被寿光市蔬菜协会举办的首届寿光蔬菜选美比赛的"最美砧木品种"

五、专业化种苗运输和运输工具

随着种苗商业化的发展，种苗运输的重要性也逐步显现，这是很具有潜力的发展方向，种苗贮运越来越多地深入到育苗厂家和菜农的种植中，种苗保鲜运输主要包括贮运温度、湿度、气调方式以及贮运包装方式等问题。

大面积的蔬菜商品化基地快速发展起来，对规模化，集约化，商品化的种苗生产呈现显著性需求。蔬菜种苗在贮运过程的质量保持是蔬菜商品化的重要环节，缺少专业化、标准化的育苗技术体系已经成为制约其迅速发展的主要原因，这又主要从四个方面表现：一是具有影响力的企业数量少，并且其生产力低下，不能满足我国快速发展的育苗需要。二是国家对于育苗体系的标准缺少一个统一的手段，存在许多漏洞。三是对于大多数种苗所需的基质营养配方研究不全，技术相对落后，各种检测指标也是有待提高。四是育苗基质生产制备的机械化水平低，生产效率差，产品成本高，产品包装方式简单，体积大，质量轻，造成运输成本高，市场竞争力不强。

（一）运输前的处理

穴盘育苗技术已经成为种苗产业发展的驱动力，其出苗率高，不易损伤苗根系，便于远距离运输，但由于温室穴盘育苗的湿度大、通风不足、光线弱，会使种苗在运输的过程中出现大量的损伤，造成大量的利益损失，因此可以在要运输之前对种苗进行"蹲苗"，促进种苗根系生长，提高种苗对逆境的适应能力。在种苗出棚一周前，通过增施钙镁肥 14–0–14–6Ca–3Mg 2000 倍（200 毫克/升）2 次与海藻精 3000 倍 1 次来提高种苗的抗逆性；然后通过增强光照与控制水分（60% ~ 80%）交替来促使根系发育。

VBC–30051 是美国 VBC 公司研制和生产的优良植物调节物质，含有 20% 的天然脱落酸（S–ABA）有效成分，可以提高植物的抗逆性。使用方法如下。

（1）使用时期。根据实际情况，一般种苗装箱前 3 ~ 4 个小时喷施，保证装箱时种苗叶片上水分完全蒸发掉。

（2）使用浓度。种苗一般应用浓度为 200 ~ 300 毫克/升，针对茄子种苗建议使用浓度在 200 毫克/升。

（3）称量药品。按有效成分称量，即 1 克 VBC–30051+ 纯水 1 升为 200 毫克/升浓度。

（4）喷施量。75 穴穴盘用溶液量为 18 ~ 22 毫升，可以根据实际情况进行增减，标准为溶液能够完全喷淋到整盘，但是没有水珠流下为宜。

（5）喷淋方法：参照一般的喷淋植物生长调节剂即可。

（二）温度

温度是种苗贮运的重要的影响因素之一。种苗的保鲜以及运输过程中的温度高低是很重要的，温度过高可能会导致种苗脱水而萎蔫死亡，过低的温度则会使种苗受冻，遭受冷害，破坏植物机械组织，造成死亡。温度在12℃以下或11～13℃范围内贮运种苗较其他温度贮运的效果最佳。低温贮运对于种苗在运输过程中控制其疯长以及株高有很好的效果，还可以通过减少呼吸作用来减少自身干物质的量的消耗，以提高种苗活力。种苗宜在低温下贮藏和运输，国外已经有了专门的调温的设备，而国内尚未有，一般只进行短期的常温贮运，盛夏时节，往往只是加冰瓶土法控温运输（图5–48）。随着人类生活水平的提高，对于物质的质量要求的提高，发展远程运输是一个新的前景，比如从山东寿光至黑龙江哈尔滨，或至云南昆明。

图5–48　盛夏时节，种苗箱的远距离运输
左：需要加冰瓶来土法控温　右：6.2米箱货，单盘加冰瓶，装1200箱，运费5元／千米，由寿光运往哈尔滨

（三）湿度

空气中的水分含量是影响种苗贮运的另一个重要因素。过湿的环境容易使种苗滋生细菌，导致种苗腐烂，进行无氧呼吸，进而使运输箱的温度上升，形成一系列的连锁反应；而湿度过低则会使种苗由于失水而萎蔫，降低其活力。在贮运过程中，由于长时间运输，受到各种温度的影响，必然会使运输箱的温度升高，使得种苗的自我蒸发加剧，导致箱内的湿度超过95%，这样就会导致一系列的连环反应发生。所以，在种苗的运输中应当保持适度的湿度，通过一些方法来控制种苗的蒸发也是一个至关重要的途径。若是运输途中温度过高，也是会导致湿度升高，所以应该合理的配合，这样才能更好的保持贮运后种苗的活力。

（四）气调保鲜

贮运期间种苗处于相对密闭的状态下，而种苗进行呼吸作用会造成一种高温高湿的不良环境，这是影响种苗质量的原因之一，因此保持良好的通风环境尤为重要。气调保鲜运输通过调节运输车内的氧气体积分数和二氧化碳浓度等参数来达到保证种苗质量，延长保鲜时间的目的，是公认的有效的保鲜运输方式之一。目前为实现更高效，成本更低提出了一种液氮充注气调保鲜运输技术。此技术的研发对提升种苗保鲜及运输技术水平具有一定的参考价值。液氮充注气调保鲜运输厢技术采用了制冷、换气、高压雾化加湿、液氮充注气调等方法，运输箱的各环境因素存在不同程度的耦合关系，其中液氮充注气调在降低氧气体积分数的同时使环境的湿度明显下降，此种方法可以让种苗处于一种更加适宜的环境，使其可以保持生长活力。

（五）运输损耗

鲜活茄子种苗的运输损伤和损耗主要来自因挤压碰撞造成的机械损耗和温湿度不适宜造成的生理损伤，货主为了多挣钱完成订单而往往超载而且水平对放，然后又用泡沫箱盖强力压紧密封，种苗在运输之前就人为受到物理挤压挤伤，种苗本应在隔断分层内垂直摆放运输，附加一定的固定措施固定穴盘，以免造成挤压碰撞，但目前运输实际操作过程中，损耗约有 48% 来自于物理损伤，约有 34% 来自于密封和温度过高、种苗自身也产生呼吸热而导致的缺氧呼吸和失水萎蔫，其余还有 18% 的损耗由运输延时、种苗质量不佳等原因而引起。

（六）种苗的包装方式

目前以寿光为代表的山东省茄子嫁接集中区域，外运嫁接种苗的包装常见两种形式，泡沫箱（图 5-49）和瓦楞纸箱（图 5-50）。种苗是幼弱的植物体，为了保证在贮运过程中减少对其产生伤害，

图 5-49 泡沫箱种苗摆放形式，横放、纵放均有，但均是头对头尾对尾对放，压实后封盖密封，根据气温决定加冰瓶与否

图 5-50 瓦楞纸箱是外运嫁接种苗的包装常见形式

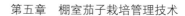

提高种苗后面定植的成活率，就有必要对其进行包装，以减少伤害造成的损失。包装有三大重要作用：第一，保护产品。种苗在运输中必然会受到振动、冲击等外力的作用，所以一个好的包装有利于保护产品；第二，便于流通。包装完好的种苗在运输中便于装卸等；第三，还具有标识作

图5-51　寿光发往河北廊坊的茄苗，单盘垂直运输，中间采用8个隔层

用。若是同时运输许多种不同品种的种苗，通过包装就可以快速分辨出它们是何种品种。换气包装技术能使包装内的气体保持一定的成分比例，从而使蔬菜的质量在一定时期内不发生明显的变化。贮运常使用相对密封而有通风口的纸箱规格为55厘米×32厘米×45厘米，将其分为3～5个或更多的

图5-52　寿光发往内蒙古巴彦淖尔的茄苗，单箱单盘垂直运输

隔层以避免它们相互挤压（图5-51），或者单箱单盘垂直运输（图5-52），可以保证种苗的质量以及到货后快速恢复生长能力，虽然运输成本加大，但比水平码放堆积放置效果（图5-53）要好。运输一般是将苗先从穴盘中轻轻拔出来，用塑料袋竖式包裹；非穴盘育苗的，用绳子把几

图5-53　有待改进水平码放和泡沫箱运输，是中远途外运嫁接种苗的包装常见形式，嫁接夹也跟着茄苗和基质坨一起走

十株的茄子苗绑在一起，然后使用草炭把根部裹住，最后在外层包上牛皮纸，放到箱子中进行运输。如果在运输过程中不带穴盘会使得种苗的上半部分快速的生长，并且会大大减少种苗地下部分的重量，而若是在低温的情况下，种苗的地上部分并不会生长。

图 5-54　茄子种苗瓦楞纸箱单盘垂直摆放
左：山东寿光蔬菜种业集团发往河北唐山市丰润县的单盘垂直摆放的嫁接茄苗单盘，穴盘尺寸 54 厘米 ×28 厘米，50 穴
右：寿光市魏氏种苗有限公司发往河南郑州的单盘垂直摆放的嫁接茄苗

　　标准的茄子种苗包装应采用长 56 厘米、宽 28 厘米、高 18 厘米的钙塑瓦楞箱和钙塑瓦楞穴盘托架或纸箱为包装物，把带幼苗的育苗穴盘逐盘分层装入瓦楞箱内，每个专用穴盘托架内放入 1 个穴盘：或在运输车辆上安装专用多层育苗架，把育苗穴盘逐层装在育苗架上随车装运：短距运输的，可把育苗穴盘中的幼苗取出，放在筐内或箱内装运。目前生产实际中，瓦楞纸箱有

图 5-55　山东寿光蔬菜种业集团发往吉林辽源市的泡沫箱茄苗的竖式摆放

单盘直立放置，即把尺寸 54 厘米 ×28 厘米的穴盘直接放入箱底（图 5-54）、双盘水平对放两种形式。瓦楞纸包装箱内置的穴盘的尺寸一般为 54 厘米 ×28 厘米，规格有 12 穴、15 穴、32 穴、50 穴、72 穴、128 穴、200 穴、288 穴、392 穴及蜂窝状等多种，运输中嫁接成苗一般采用 50 穴（10×5）、72 穴（12×6）两种穴盘为多，尺寸均为 54 厘米

×28 厘米，正好卡在标准专用种苗箱内。而泡沫箱则多采用层层水平对放，微受挤压的摆放形式。2017 年 6 月山东寿光蔬菜种业集团发往吉林辽源市的泡沫箱茄苗的摆放，也由水平方向改成了垂直方向，即先把泡沫箱立起来，然后将种苗在泡沫箱内分层竖式摆放、与生长期间的姿势相同，这是值得肯定的运输改进（图 5-55）。

（七）种苗运输的基质

种苗连同基质一起运输，是当前茄子种苗运输的一个特点（图 5-56）。在种苗的贮运中，温度、湿度等影响是很重要的，但是运输途中使用不同基质对种苗的质量也有一定的影响。在贮运的过程中，最适的无机营养基质是基础基质（草碳：珍珠岩=2：1）+ 缓释肥（20-9-11）30克/盘，而有机营养基质是基础基质 + 鸡粪 10%+ 草木灰 5%。

图 5-56　无论泡沫箱还是瓦楞纸箱装载，都是茄苗与茄苗基质一体运输

（VA 菌根对茄子矿物质吸收影响的过程中，发现在土壤中添加菌可以提高植物体的叶片中叶绿体含量，使其能够一直维持较高的光合作用。）枯草芽孢杆菌剂可以保护茄子种苗体内酶的活性保持并且提高，使得植物体自身对外界的抵抗力加强，这使得种苗在运输过程中具有更大的抵抗力来抵御不良环境，从而提高种苗贮运定植的存活率以及大大缩短种苗的恢复期。

多功能 888 生物有机肥具有抗旱、抗涝、抗寒、抗盐碱、降解植物体中的农药、化肥残留毒素，缓解药害和冻害，提高植物自身免疫力，促使植物生长发育的功效，在茄子种苗运输前，用多功能 888 稀释液直接叶面喷洒晾干或浸泡茄子穴盘 5 秒后捞出晾干，再按常规法箱装基质运输茄子种苗，保鲜和贮运效果良好。多功能 888 生物有机肥价格便宜，每瓶 20 毫升装，价格 15 元，

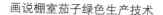

画说棚室茄子绿色生产技术

对水 15 千克稀释后使用。

（八）种苗运输工具

山东寿光是目前我国蔬菜嫁接种苗最发达的地区，嫁接的蔬菜主要是涉及茄子、辣椒、西瓜、黄瓜、甜瓜、苦瓜、冬瓜等以茄果类和瓜果类为主的 7 个种类蔬菜，寿光及山东以外的非嫁接种苗种植区域亦即实生苗（自根苗）种植区域，对嫁接苗的需求量近年呈逐年上升趋势，因此种苗专业运输业应运而生，运输距离甚至超乎了业界人士想象，超过 2 000～3 000 千米，除山东省内之外，涉及的省市区主要有黑龙江、吉林、辽宁、新疆维吾尔自治区（全书简

图 5-57　寿光市孙家集街道达字刘村鲁誉种苗农业科技有限公司用泡沫箱发往重庆的神龙 F_1 长茄嫁接种苗

图 5-58　山东寿光蔬菜种业集团发往陕西渭南的茄苗

图 5-59　寿光发往安徽蚌埠的绿茄和大龙长茄苗一次性发 2 万株，先垂直装塑料袋，然后立在泡沫箱内，效果大大好于水平对放，这是种苗运输业的进步

称新疆）、青海、内蒙古、河南、安徽、湖南、湖北、云南、四川、重庆、甘肃、宁夏、江苏、山西、河北、陕西等，种苗保温运输车是今后我国应该加强开发的农业领域之一，但目前我国茄子种苗运输还限于常温普通厢式货车，控温能力有限，车厢内单件包装主要以用于中远距离运输的泡沫箱（图 5-57，图 5-58）和用于近

104

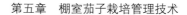

中距离运输的瓦楞纸箱为主，与发达国家的鲜活农产品运输为控温式保温车还有差距。不过，最近寿光除了大型企业山东寿光蔬菜种业集团育苗基地以外，各乡镇有些育苗厂，譬如纪台镇和孙家集街道不少育苗厂，在装厢式货车之前，也在摆放姿势上做了一些改进，把比较省事的水平摆放，改进成垂直装袋再装箱摆放（图5-59），这可以看做茄子种苗运输上的进步。

图5-60　左右开门式厢式货车

常温普通厢式货车运输种苗成本较低，但在深冬和盛夏运输鲜活蔬菜种苗具有危险性。厢式货车又叫厢式车，主要用于全密封运输各种物品，具有机动灵活、操作方便，工作高效、运输量大，充分利用空间及安全、可靠等优点。厢式货车厢体材质有多种，可采用铁瓦楞、彩钢板、铝平板、铝

图5-61　左右开门与后开门式兼具的厢式货车

合金瓦楞、发泡保温等，厢式货车厢型可选后开门式、左右开门式、全封闭式、半封闭式、仓栅式、机翼式等（图5-60、图5-61、图5-62）。常温普通厢式货车有多种分类方法，一是按照品牌分类，有东风厢式货车、解放厢式货车、五十铃厢式货车、江淮厢式货车、江铃厢式货车、福田厢式货车等，二是按照外形分类，有单桥厢式货车、双桥厢式货车、平头厢式货车、尖头厢式货车等，

图5-62　便于装卸、快速作业型机翼式厢式货车

三是按照品种分类：小霸王厢式货车、多利卡厢式货车、三平柴厢式货车、东风康霸厢式货车、145厢式货车、153厢式货车、1208厢式货车、1230厢式货车、1290厢式货车、半挂厢式货车等，四是按照用途分类，有仓栅式运输车、厢式货车等。载货部位的结构为封闭厢体且与驾驶室各自独立的载货汽车，不包括微型厢式客货两用车，厢式货车比普通货车更加安全，更加美观，下雨淋不湿货物。因此，大中型育苗厂家愿意选择常温普通厢式货车运输包括茄子种苗在内的鲜活蔬菜种苗。

茄子种苗的中远距离需求催生了相应的运输产业，近年来应运成立了不少专业运输蔬菜种苗的公司，让人们感受到了当今蔬菜种苗业的飞速进步，4.2米标准厢式货车（616），每瓦楞纸箱按双盘装法，可装520箱，6.2米装750～920箱，6.8米装1200～1400箱，7.8米装1680～1900箱，9.6米装1680～2100箱。从目前种苗运输的发展看，种苗运输大致有几种可选方式，一是量大时雇用专业运输蔬菜种苗的公司的运输车（图5-63、图5-64、图5-65），二是育苗厂自备厢式运苗货车，包括厢式货车和仓栅式货车（图5-66），司机和车辆由育苗厂自己负责；三是发快递，量少时走申通、圆通、韵达等快递（图5-67）；四是走物流，费用由对方买主负担；五是委托大巴专线捎运，或送至汽车站，或送至大巴司机指定的地点，如高速收费站口等专线大巴必经之地（图5-68、图5-69、图5-70、图5-71、图5-72），尤其是零星少量发货，对方只需要种植2～3个棚、4000～7000株茄苗之类的订单。

图5-63　专业运输蔬菜种苗的公司的运输车

图 5-64　为了多装，厢式货车的顶部，
　　　　也塞进了茄苗穴盘

图 5-65　合同订单多，走货急，
　　　　也有用普通装菜箱运送茄苗的

图 5-66　用仓栅式货车运送茄苗
左：运往辽宁省台安县茄苗；右：运往宁夏银川市的茄苗

图5-67　种苗零星发货，申通、圆通快递相对便宜，走货较多

图5-68　发往河北唐山的茄苗，卡点提前用面包车拉到寿光（纪台）济青高速口等待青岛经由唐山至秦皇岛的客车专线捎货

图5-69　发往河北邯郸、江苏张家港（左）、内蒙古呼和浩特（右）的小批量茄苗，卡点提前用面包车拉到青州东济青高速口，分别等待即将到来的客车专线捎货

图5-70　发往河北张家口怀来的茄苗，卡点提前用面包车拉到寿光（纪台）济青高速口，等待客车专线捎货

图5-71　山东东营只要一箱茄苗，送往寿光汽车站，走寿光至东营流水发车专线

图5-72　搭上运往河南驻马店客车专线的零星茄苗箱

第二节　日光温室全年一大茬茄子栽培关键技术

日光温室全年一大茬茄子栽培是目前寿光市茄子种植的最主要方式，生长期 10 ～ 11 个月，收获期 9 个月，中间只歇一个月即盛夏 7 月，还穿插着高温闷棚，可以说此种栽培茬口温室的利用率最高，效益也最高，几乎全年无休。近年来茄子在寿光的栽培面积逐年增加，日光温室占绝对压倒比重，目前寿光日光温室栽培茄子面积 6 000 公顷左右，基本达到周年栽培供应。近几年寿光菜农种植茄子的收入是每株 30 ～ 50 元，每年 8 月至翌年 6 月栽培的几乎贯穿全年的一大茬茄子，每株收入达 60 ～ 70 元。

茄子作为寿光日光温室蔬菜的主栽品种，已经有近 30 年的栽培历史，主要进行日光温室全年一大茬栽培，在 8 月定植，一直到第二年的 6 月底 7 月初拉秧，生长期接近贯穿全年，每亩日光温室年产量 20 000 ～ 25 000 千克，年产值 7 万 ～ 10 万元，高的达到近 15 万元，茄子收获期的延长是获得高产高效的一项重要措施。

一、主要栽培品种

寿光以长茄栽培为主。长茄品种有绿萼和紫萼之分，绿萼长茄主要有东方长茄 765、布利塔、超利 901、965、特旺达等；紫萼长茄主要有大龙、巨丰王长茄等。圆茄有快圆茄、大阪力士等。

二、嫁接育苗

嫁接是预防茄子根结线虫病、黄萎病、枯萎病及青枯病等土传病害的重要措施。

（一）错期播种

先播种砧木托鲁巴姆，当砧木一叶一心时再播种接穗，待砧木 5 ～ 6 叶 1 心、高 10 厘米左右，接穗 4 ～ 5 叶 1 心、直径达 4 毫米 时进行嫁接。砧木种子较难出芽，播前可用 100 ～ 200 毫克 /

千克赤霉素溶液浸泡 24 小时后再进行催芽。

日光温室一大茬栽培，一般在 6 月播种砧木托鲁巴姆，20 天后播种接穗，此时温度高、光照好，育成嫁接苗需要 65 天左右；若冬季育苗，育成嫁接苗一般需要 90 天左右的时间。

（二）嫁接

采用劈接法进行嫁接，从砧木第 2 ~ 3 片真叶（自下向上数）着生处距基部 5 ~ 6 厘米和接穗粗细相当的部位，将茎部切断，切口要平整。随即在切断的嫩茎上从中心切开长 1.0 ~ 1.5 厘米的接口。接穗幼苗保留 2 ~ 3 片嫩叶后从下部切断，然后将茎部削成长 1.0 ~ 1.5 厘米的楔形，下刀削茎时力求两侧的斜度相等，切面平滑。然后将削好的接穗插入砧木的接口，使接穗和砧木形成层互相对准，然后用嫁接夹固定，最好用圆口嫁接夹，以便切口结合得更紧密，有利于伤口愈合，提高成活率。

图 5-73 嫁接后 3 ~ 4 天全遮光，上有遮阴网，茄苗上边还有塑料膜保湿

（三）嫁接苗管理

茄子嫁接苗接口愈合期一般 10 天左右。这一阶段适宜嫁接苗愈合的温度为白天 25 ~ 28℃、夜间 20℃左右，棚内空气湿度保持 90% ~ 98%，若湿度不够可在苗床下浇水，但不要在嫁接苗上喷水。嫁接 5 ~ 7 天后逐渐揭开薄膜，并根据需要进行浇水，由于此时正处于高温季节，一般每天上午浇水 1 次，水量以浇透基质为宜，幼苗有时会在中午发生萎蔫，可在 17：00 左右适量少补点水。浇水时可加入水溶肥（N-P-K 为 20-20-20）1 000 倍

液。嫁接后 3～4 天全天遮光（图 5-73），此后早晚透光、换气，9～10 天嫁接口愈合，逐渐撤掉覆盖物，转入正常管理。嫁接后 20～30 天，植株株高 20 厘米以上，6～9 片叶时即可定植。

三、基肥施用和土壤处理

每亩施用充分腐熟的优质鸡粪等粪肥 20 立方米 左右作基肥，可提前将有机肥施入到土壤中，结合闷棚可使有机肥彻底腐熟。利用夏季休棚期进行高温闷棚，晴天闷棚 15 天左右，棚内温度可达到 70～80℃，是杀死棚内病原生物、改良土壤的最好办法。

在增施有机肥的基础上，每亩用过磷酸钙 50 千克、硫酸钾型复合肥（N-P-K 为 15-15-15）50～100 千克、硫酸镁 20～30 千克、硫酸亚铁 5 千克、硫酸锌 3 千克、硼酸或硼砂 1.5 千克，微量元素肥料要与有机肥混合施用；肥料均匀施入土壤后要浇水造墒，即把每间棚调整成一个畦（方便浇水），然后浇水，待畦面存水达 4～5 厘米 深即可，10～15 天后土壤湿度在 60% 左右时即可整畦起垄，畦宽 140～150 厘米，进行大小行起垄，一般大行距 70～90 厘米、小行距 60～70 厘米（即栽培行，其间浇水施肥用），然后按 40～45 厘米株距挖定植穴。在定植前用农丰保免深耕微生物菌剂（嗜酸乳杆菌，含量 ≥ 2.0×10^8 菌落 / 克）2～3 千克，与 20 千克土拌匀后撒施到定植穴内。

四、定植

定植前用 70% 吡虫啉（龙灯新丰保）可湿性粉剂 30 克 +25% 嘧菌酯（垄优）悬浮剂 20 毫升 + 0.003% 丙酰芸苔素内酯（爱增美）10 毫升对水 30 千克蘸苗盘，定植时大小苗要分开，由南到北幼苗按从低到高的顺序依次定植，埋土的深度以能盖住育苗基质 1 厘米即可，不能过深或过浅，以利于缓苗。每亩栽植 2200～2600 株。

除弯腰、下蹲等繁重的手工移栽作业外，近年来在棚室茄子移栽作业中出现了省力化的移栽器，亦称"苗栽器"或"秒栽器"，大大提高了定植速度（图 5-74）。操作简单，一般 2 小时之内两人配合能完成亩面积的 2400 株茄苗的定植。

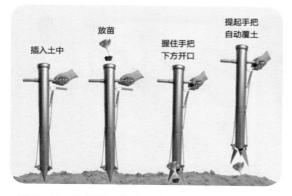

插入土中　　放苗　　握住手把下方开口　　提起手把自动覆土

图 5-74　移栽器一般由两人配合，一人给茄苗，另一人抬起放下即可

　　新型栽苗种植器使用方法一是在盖地膜或不盖地膜的畦面上，松开手柄将本产品插入土中，二是同时将苗子放入筒子内，三是握住手柄提起筒子即栽好一棵苗，四是按预定的株距重复上述步骤种植下一棵。新型栽苗种植器专门用于蔬菜穴盘苗的定植，兼可逐穴播种大粒种子，以及逐穴施肥，改变了传统栽苗"刨穴、埋穴、破地膜、掏苗子、围堰"等五步逐步进行的节奏，将五道程序全部合并，两秒完成定植、种植，大大降低了种苗劳动强度。避免了传统弯腰累、速度慢、种苗难、人帮忙人情难还，雇佣种植费用高等难题，与此同时，完成了"高强度""高速度""高效率"的结合，大大提高了种植效率（图 5-75、图 5-76），覆膜后也照常使用（图 5-77），省时省力又省钱，根据材料是白钢还是铁皮之分，价格在 60～100 元之间。新型栽苗种植器适用范围，

图 5-75　两人配合使用茄苗移栽器

除茄子之外，辣椒、番茄、烤烟、西瓜、黄瓜、苦瓜、哈密瓜、南瓜、冬瓜、葫芦、丝瓜、中药材、花卉苗木等营养钵（袋）育

画说棚室茄子绿色生产技术

成苗，均可用此移栽。

图 5-76　一人操作一步一停，一只手抬放移栽器，一只手拿穴盘苗放茄苗，速度也不慢

图 5-77　覆膜后，也照样使用栽苗器定植

　　近年来，比手扶移栽器更为先进的棚室内茄子苗拖拉机式移栽机，也已经应用到生产实践中（图 5-78），大田露地栽培茄子的移栽机操作空间大，容易普及（图 5-79），但操作空间相对狭

图 5-78　棚室内拖拉机式茄苗移栽机

图 5-79　比之棚室内茄苗移栽，大田露地定植要方便得多

114

小的棚室内，能够用自动化的移栽机定植，大大减轻了菜农的定植工作强度。

定植后及时浇水是一道保证茄苗成活重要工序，不管什么季节，定植后缓苗水要浇小水，即水渗下后幼苗根际土壤能湿透即可，在整地起垄时菜农为了以后棚室内水渠浇水方便，会把棚内调整成北高南低的坡面，从北到南会有5厘米左右的高度差，这样浇水时只要水到垄的南头就关上进水口。改进成滴灌后，可以不考虑高度差。

在8月时浇水2～3天后就可进行中耕，利于尽快缓苗；等到新叶开始生长时浇1次透水，并要浇足，以小垄沟存水深3厘米左右为宜，以后5～7天中耕1次，可中耕2～3次，以促进根系生长发育，中耕时要距植株根茎部5厘米左右，以防伤害根系，离植株较近处中耕深度仅1厘米左右即可，较远处可适当深至2～3厘米。秋季温度较高，可以到10月时再覆盖地膜，若是低温季节可在定植后15天左右覆盖地膜；覆盖地膜后不再进行中耕；越冬栽培覆盖白色地膜以提高地温，等到翌年温度高时改用黑色地膜以防止杂草生长，也可用黑白相间的地膜。但如在秋冬季节直接覆盖黑色地膜，会降低茄子冬季的产量和品质。覆盖地膜时可先在栽培畦的南北两端按东西方向各拉一条铁丝，然后在栽培畦的中间南北方向拉一根吊绳，两端与铁丝连接，后覆盖地膜，这样覆盖的地膜就呈一小拱棚状，有利于提高地温、方便浇水。

五、温度管理

茄子生长发育适宜温度为20～30℃，高于35℃或低于17℃，易导致落花、落果或畸形花、僵果等。8月定植后要使用遮阳网或向棚膜上泼泥浆或喷洒降温剂，如利凉（遮阳降温剂，北京瑞雪环球科技有限公司产品）等，可起到遮阳降温的作用。使用利凉时，利凉与水的比例为1∶（6～8），遮光率为35%～50%，稀释后用喷雾器均匀喷洒在温室棚膜的外表面上。

在秋季8月、9月高温强光下，茄子的田间管理以调整温度在适宜的生长范围内为主，通过采取遮阴措施，控制白天温度在30℃左右，尽量低于35℃，若白天温度超过35℃，可以通过田间喷洒清水来降温，夜间温度在22℃左右，尽量不要高于25℃。结果期昼夜温差达到10℃左右为宜，以利于光合产物向果实的运转和抑制呼吸消耗。进入10月、11月，是秋季最适宜茄子生长的季节，此时日光温室内温度适宜植株生长，病害少、产量高，是比较好管理的阶段。但菜农一般是在9月中下旬更换棚膜，换上新棚膜后，因新膜透光性好，茄子会因温度突然升高而导致全棚出现心叶变黄的现象，主要是植株对锌和铁元素吸收不好引起的，要及时喷施硫酸锌1000倍液+硫酸亚铁1000倍液，7~10天喷1次，连续使用2次植株基本能恢复正常。

茄子在深冬、早春季节栽培时（12月至翌年2月）要进行白天增温、夜间保温，白天温度25~30℃，夜间不低于12℃，一般15~20℃。遇灾害性天气时，要利用各种可行的增温、保温设施，使棚内最低气温不低于10℃，可在草苫、棉被之上再盖一层浮膜，保温的同时还可防雨雪，现在有些菜农已使用两层覆盖物进行保温，即在使用草苫的基础上又加上一层棉被；在大垄内覆盖10~15厘米厚的稻草、玉米秸秆等，也可以提高地温、降低湿度。

进入3月后，茄子植株再次进入了适宜生长期，但在3月温度刚开始升高时，浇水量和施肥量的增大也需要循序渐进，由于经历了寒冷季节，茄子根系的生长也需要一个适应过程，如果突然增大浇水、施肥量，根系会受到伤害。从5月中下旬到拉秧，主要通过采取遮阴措施来调整棚内的温度、光照以适应茄子的生长发育。

六、水分管理

茄子在整个栽培过程中，水分的管理原则是"小水勤浇"，严禁大水漫灌。定植缓苗后，要浇1次透水，保证苗期土壤水分充足，在门茄坐果前如果土壤能手握成团则可以不浇水。此期温度较高，要防止水分过多造成植株营养生长过旺而影响坐果；等门茄坐住后再进行浇水，秋季一般 7 ~ 10 天浇 1 次水，深冬季节要以控水为主，可 15 ~ 20 天浇 1 次水，遇有连续阴雨雪天气时甚至一个月都不能浇水。缺水时在晴天上午从小沟地膜下暗浇地下水，也可在棚内建蓄水池，低温季节把水先放到蓄水池内提温后再用，地上水温度较低，不能直接使用。浇水时水量要小，把握只要水到垄的南端就关上进水口，提倡安装微喷灌带进行浇水，浇水量以湿透根系周围 10 厘米 深的土层为宜。浇水后通风排湿，即密闭大棚待温度升到 30℃ 左右时打开通风口进行通风，温度降到 25℃ 左右时关闭通风口，待温度升到 30℃ 左右时再打开通风口通风，如此反复管理两天后棚内湿度就会降低。3 月以后气温回升，茄子需水量增大，可适当增加浇水次数，一般 7 天左右浇 1 次水，水量可比低温季节适当增大，把握垄内存水深 1.0 ~ 1.5 厘米时关闭进水口。在浇水的前一天喷洒 50% 克菌丹（美派安）可湿性粉剂 800 倍液 +33.3% 喹啉铜悬浮剂 800 倍液，可预防真菌和细菌性病害的发生。

七、肥料管理

在基肥施足的基础上，开花坐果前一般不施肥，避免造成植株营养生长过旺而影响坐果。但如果出现植株矮小、生长缓慢时可以使用日本皇家免冲肥 1 号（N–P–K 为 23.8–15.8–11.1，含多种中微量元素及生物酶）600 倍液或 0.003% 丙酰芸苔素内酯（爱增美）3 000 倍液喷洒叶片，7 天喷 1 次，连续使用 2 次；也可随浇水冲施 1 次海法保力丰、田单等大量元素水溶肥（N–P–K 为 20–20–20），每亩用 4 ~ 5 千克。

当门茄坐住后，植株长势健壮、茎粗、茎节长 7 ~ 10 厘米、叶片厚且大小适中时可以使用 N–P–K 为 20–10–30 的大量元素水溶肥，每亩用 5 ~ 10 千克；若植株长势较弱、茎细、茎节长超过 10 厘米、叶片薄且大时，表明植株出现了徒长现象，就要在控制浇水和降低夜温的基础上，使用 N–P–K 为 10–20–30 的大量元素水溶肥，每亩用 5 ~ 10 千克；若植株生长较慢、茎节较短在 5 厘米左右、叶片厚且小时，可以使用日本皇家免冲肥 1 号 600

倍液或 0.003% 丙酰芸苔素内酯（爱增美）3 000 倍液喷洒叶片，也可随浇水冲施 N-P-K 为 30-10-20 的大量元素水溶肥，每亩用 5 ~ 10 千克。

同时一定要及时补充中微量元素，在门茄坐住后每 15 ~ 20 天使用 1 次钙肥、硼肥，可用纽翠钙 800 倍液 + 硼尔美 800 倍液一起喷施，以促进花芽分化和果实正常生长；30 ~ 40 天喷施 1 次锌肥、铁肥、镁肥，可用硫酸锌 1 000 倍液 + 硫酸亚铁 1 000 倍液喷施，镁肥的补充能避免中下部叶片出现叶肉变黄的现象，可用硫酸镁 1 000 倍液喷施。

结果前期是营养生长和生殖生长并进的时期，此时期应施用平衡型水溶肥（N-P-K 为 20-20-20），每亩用 10 千克，随浇水冲施，7 ~ 10 天施 1 次，连续施 2 ~ 3 次。

茄子在结果盛期时，要提高钾肥、钙肥、硼肥的用量。当下部叶片叶缘变黄、出现"镶金边"现象时，表明植株缺钾，要及时使用磷酸二氢钾、硝酸钾 600 倍液等肥料进行叶面喷施，也可每亩随水冲施海法钾宝（N-P-K 为 12-2-44）10 千克。

茄子高产的关键是保持植株营养生长和生殖生长的平衡，一般保持茄子植株的两条分枝上同一时期共留 6 ~ 8 个果实，以维持植株持续结果的能力。当茄子植株上果实超过 6 ~ 8 个、叶片薄、植株长势弱时则营养生长不良，要在适当疏果的基础上通过使用高氮型水溶肥（N-P-K 为 30-10-20）促进茄子的营养生长，每亩用量 5 ~ 7 千克。反之，当茄子植株长势旺盛、叶片大，果实少且生长慢时，要通过使用高钾型水溶肥（N-P-K 为 20-10-30）来促进茄子的生殖生长，每亩用量 5 ~ 10 千克。

在低温季节，由于浇水次数减少，不能随水冲施足够的肥料，这时一定要注意叶面补充营养，增施一些补充营养和调节生长的叶面肥，如彩特美（细胞酶）、0.003% 丙酰芸苔素内酯（爱增美）、日本皇家免冲肥等，可 7 ~ 10 天施 1 次，在晴天上午混合防病药剂一起喷施，能解决在寒冷季节不浇水就无法施肥的问题。有条件的还可以进行二氧化碳气体施肥，能明显提高产量。也可使用日本皇家免冲肥（产品有 1 号、2 号、3 号，植株生长弱时用 1 号

600 倍液 +3 号 1 800 倍液，生长旺时用 2 号 600 倍液 +3 号 1 800 倍液），通过叶面喷施代替冲施肥，每 7 ~ 10 天喷施 1 次。茄子需水时只浇清水，浇水与施肥分开进行，茄子产量高、品质好。

茄子低温季节要采取护根、促根措施，提倡施用以含有生物菌、腐殖酸、氨基酸、甲壳素的肥料为主，如田单养根液等，每亩每次使用 5 ~ 10 千克，避免使用复合肥而造成伤根。

八、光照调节

茄子光照弱时产量低，紫色品种着色差。尤其在幼苗期若光照不足，会导致花芽分化和开花延迟、长柱花数量减少、畸形果增多，因此弱光季节要通过采用早揭晚盖草苫和棉被、张挂反光幕、覆盖白色地膜、清扫薄膜上的灰尘等措施增加光照时间和强度。但当增强光照和提高温度发生矛盾时，要先保证温度。即张挂反光幕时要注意不能把日光温室的后墙全部覆盖，只用 1.0 ~ 1.5 米宽的反光幕在后墙墙体的下部悬挂即可。因为墙体上悬挂反光幕后，太阳光被反射回去，墙体吸收的热量少了，则影响温室内夜间的温度。

九、植株调整和留果技术

采用阶梯形循环整枝技术整枝，日光温室茄子传统的整枝方法是：早熟品种，植株较矮，株形较紧凑，宜采用三杈留枝；而中晚熟品种植株高大，株形较松散，宜采用两杈留枝。对一次分枝以下抽发的侧枝都及时打掉。近几年，在山东省寿光地区，菜农们采用茄子阶梯形整枝技术，对日光温室茄子整枝。具体方法是：

在植株定植后主茎第一朵花以下保留一个侧芽，与主茎共同形成的两条主秆呈"Y"形分布。将这两条主秆逐渐培养为结果母枝，每条结果母枝依次培养 7 条结果短枝，每条结果短枝坐住一个果时，在果后保留 2 片叶摘心。每条结果短枝上的茄子采摘后，在距结果母枝 1 厘米处用剪刀把该结果短枝剪掉，促使其基部潜伏芽萌发，并再次生长成结果短枝；依次类推，以后长出的结果短枝都是这样在果实膨大时摘心，而在采摘果后就剪枝，让结果母枝的各个结果短枝基部潜伏芽由下而上不断循环萌发开花结果。

结果母枝和结果短枝的培养，两条主秆在生长过程中每隔2～3片叶着生1朵花（雌雄同花），花下面形成均衡的双权分枝，其中，一条分枝培养成结果短枝，另一条分枝作为结果母枝的一部分让其继续生长。如此自下而上呈现规律的比权分枝，各层分枝一条培养为结果短枝，另一条分枝作为结果母枝的一部分让其继续生长，直至依次出现7条结果短枝后，与这条结果短枝对应出现的分枝长出两片叶后打顶。

这种茄子阶梯形循环整枝方法，适于嫁接茄子于棚室保护地栽培应用。该方法有利于设施内通风和采光，能有效避免病虫害，可实现茄子高产优质。

茄子的整枝都是采用双干整枝，但寿光菜农在实际栽培管理中，绿萼茄子和紫萼茄子的整枝方式是有区别的。绿萼茄子长势旺，在茄子植株株高120厘米左右时即摘心，让每条枝干上长出的一条旺权作为生长点继续生长，留2个茄子后再摘心，再留旺权作为生长点，此即摘心换头整枝法，目的就是抑制生长、植株株高长得慢些，等到茄子植株长到棚内钢丝的高度时进行摘心不再让其生长，此后就利用分权进行结果；紫萼茄子一直到植株长到棚内钢丝的高度（一般2米左右）时进行摘心，摘心之前由两条枝干结果，摘心后由分权结果。具体如下。

绿萼茄子是采取持续摘心换头的整枝法：在门茄开始膨大时，及时摘去门茄以下的侧枝及老叶，只保留第一次分权时分出的两条侧枝，进行双干整枝，结果期间这两条枝干上的其他侧枝也要全部打掉。待植株株高达到120厘米左右时，即两条枝干上都坐住3～4个茄子时要及时进行摘心，在顶端的果实前留1片叶摘心，然后培养顶端的旺权作为生长点继续生长，新的生长点结2个茄子后再摘心，再培养一个新的旺权继续生长。等到植株长到棚内钢丝高度时摘心后控制其继续生长。留果时要注意选择离地面35厘米以上的分权留果，避免果实离地面太近造成果实弯曲，选择分杈长势健壮、商品性好的果实留下，其他的畸形果等全部摘掉。当分杈上的果实坐住后在果实前面留 1 片叶摘心，果实收获后剪掉该分杈，然后又出新的分杈、再留果，如此循环。要控制每条枝干上同一时期留 3 ~ 4 个果实即可，即每株 6 ~ 8 个果实最好，以保证茄子植株营养生长与生殖生长的平衡，保持连续结果能力。

紫萼茄子的整枝方式：在门茄开始膨大时，及时摘去门茄以下的侧枝及老叶，只保留第一次分杈时分出的两条侧枝，进行双干整枝，在摘除生长点前不用其他侧枝结果，所以要把其他侧枝去掉，一直到植株超过棚内钢丝的高度时摘去生长点，此后用这两条枝上长出的侧枝结果，每条侧枝坐果 1 ~ 2 个后在果前留 1 片叶摘心，果实成熟采摘后剪掉该侧枝，剪掉的侧枝基部又发侧枝，继续结果，依此技术持续整枝和结果，保持每条枝上同一时期有 3 ~ 4 个果即可。

门茄的留与否要根据植株长势而定，当植株长势健壮或植株徒长时，都要留下门茄以抑制营养生长、促进生殖生长；若植株生长缓慢、在株高上明显不如其他植株时，要摘掉门茄以促进营养生长。

茄子植株一旦徒长，就会难坐果，所以在高温季节一定要通过适当控制氮肥、水分和降低夜温来防止植株徒长，选用含氮量低的肥料，如选用大量元素水溶肥（N–P–K 为 10–20–30），每亩用量 5 千克。特殊情况时使用生长调节剂控制徒长，可使用甲哌鎓（助壮素）100 ~ 300 毫克每千克，或用矮壮素 10 ~ 20 毫克每千克，此类药剂要单独使用且只喷洒到生长点即可，喷施时不能重复，防止产生药害。甲哌鎓、矮壮素等药剂在控制营养生长的同时也会控制生殖生长，影响果实的膨大，所以要尽量少用或不用。

十、保花保果

茄子落花落果原因很多，除了花器构造缺陷和短柱花外，持续阴雨、低温、高温高湿及病虫为害，都可能造成授粉受精不良而导致落花落果。防止茄子落花落果的措施应是有针对性地加强栽培管理，及时补充果实生长发育所需的营养元素，随水冲施高钾型大量元素水溶肥（N-P-K 为 10-20-30 或 13-6-41），每亩用量 4~5 千克，连续使用 2~3 次；叶面喷施日本皇家免冲肥 3 号（含有钙硼等多种中微量元素和生物酶）600 倍液等补充钙肥和硼肥，每 15~20 天喷施 1 次，连续喷施 2 次；同时可使用防落素 20~30 毫克每千克或 2,4-D10~20 毫克每千克蘸花促进坐果，在蘸花药中可加入 40% 双胍三辛烷基苯磺酸盐（百可得）可湿性粉剂 1 000 倍液和 0.003% 丙酰芸苔素（爱增美）水剂 2 000 倍液，以减少灰霉病和畸形果的发生，蘸花时不能重复，也不能把调节剂溅到叶片、茎上。蘸花的最佳时期是花含苞待放时或刚刚开放时，对未充分长大的花和完全开放的花处理效果不大。

利用 2,4- 稀释液涂抹花柄是棚室茄子生产的重要一环，2,4-D 学名"2,4- 二氯苯氧乙酸"，是一种植物生长调节剂。用浓度为 0.002%~0.003% 的 2,4-D 溶液涂抹茄子的花柄，可防止茄子落花落果。在此浓度范围内，气温高时浓度可低些，反之则高些。在涂抹果柄时，不能把药液溅到叶片和茎秆上，以防造成伤害。使用 2,4-D 涂花柄的最佳时期是花朵含苞待放和刚开放时。要于使用的药液中加入少许红墨水作标记，以防止重复处理。为防止涂抹花柄而传播灰霉病，应在 1 千克处理茄子花朵的 2,4-D 溶液中加入 1 克 50% 的速克灵（腐霉剂）可湿性粉剂。

针对目前有些刚开始栽培日光温室茄子的菜农，在使用 0.003%~0.005% 浓度的 2,4-D 涂抹花柄中，因不分温度高低，用一个浓度的溶液处理花朵，温度高时致出现大量畸形果，温度适宜时也会，影响茄子正常生长，致使果实发育

图 5-80 山东省寿光市纪台镇任家庄村菜农在给布利塔长茄茄花授粉

不良等问题，建议于 2,4-D 溶液中加入相同浓度（与 2,4-D 同量）的赤霉素，这样既可克服存在的弊病，又可促进茄子膨果，效应良好。但上述浓度溶液，只限用于涂抹茄子花柄，既不能绕花柄涂抹一圈，也不能顺花柄拉长抹，只能点在花柄上且其长度不要超过 1 厘米。毛笔上的药液不可蘸得太饱，避免药液流滴对主茎、花苞、叶片造成药害（图 5-80）。

用防落素稀释液喷花朵。防落素（4-CPA）化学名称对氯苯氧乙酸，又名坐果灵、番茄灵等。也是一种植物生长调节剂。防落素在茄子上使用的浓度为 30 ~ 50 毫克每千克，尤以 40 毫克每千克为宜。一般掌握在温度低于时 15 ~ 20℃浓度可高些，气温高于 20 ~ 25℃时浓度可低些。用防落素处理的茄子花朵的做法是，将配制好的药液注入小型喷雾器里，右手拿着喷雾器对准要处理的花朵喷雾，以把花朵溅湿为度。但尽量避免药液喷溅到嫩叶上，因此，在喷时应用左手的食指和中指轻轻夹住要喷的茄子花柄并用手掌遮住不处理的部分。在花朵盛开时喷防落素，对于尚未开放的花朵不宜喷。每朵花只喷一次。可相隔 4 ~ 5 天喷一次，并因间隔时间比使用 2,4-D 的间隔时间长，当进行下一次喷时，上一次喷过的花朵的子房已发育膨大，用肉眼即可分辨，故不必在药液中添加颜料作标记。当昼温达到 25 ~ 30℃，夜温为 16 ~ 20℃时，即停止使用。

由于采用防落素处理的果实膨大速度在开始稍慢于用 2,4-D 溶液处理的花朵，但半个月之后就能逐步赶上。所以，不能认为防落素的效果差而任意增加浓度，因过高的浓度将带来药害，出现果实大脐等畸形现象。

第三节　日光温室早春茬茄子栽培关键技术

一、品种选择

日光温室茄子早春茬栽培对品种的要求，一是早熟，植株中等偏小，适合密植，增加种植密度。二是果形和果实大小符合市场需求。三是植株生长势强，坐果能力强，产量高。四是花的密度大，成花率高，畸形花少。五是在低温和弱光照条件下，能保持较强的坐果能力，不形成畸形果，果形端正，着色好。六是高抗茄子病毒病、绵疫病等易发生病害。早春茬栽培总原则是选早熟、抗寒抗病性强、丰产稳产、耐弱光、品质优良的品种。如：快圆茄、紫阳长茄、京茄6号、京茄黑宝、黑晶、紫晶、茄冠、齐茄1号、大龙长茄、二茂茄、紫红茄、圆丰二号、黑罗汉、新罐茄王等。

二、育苗

（一）播期确定

寿光地区早春茬茄子于11月上旬至12月上旬播种育苗，翌年1月下旬定植，3月上中旬开始采收。

（二）育苗要点

（1）培育适龄大苗移栽，争取定植后早开花结果，早上市供应。

（2）温床育苗，育苗床直接建在日光温室内，为保证秧苗正常发育，最好利用电热温床。

（3）护根育苗，注意保护茄子苗根系，防治茄子苗定植时伤根严重，推迟发棵和结果。

（4）培育壮苗，壮苗标准是，具有8~9片真叶，叶色浓绿，叶片肥厚，茎粗壮，节间短，根系发达完整，株高不超过20厘米，花蕾长出待开。

育苗可采用穴盘基质或营养钵等保护根系的育苗方法。早春茬苗龄 45～50 天。株高 18～20 厘米，8～9 片真叶，门茄有 70% 以上显蕾，茎粗壮，叶色浓绿，根系发达，无病虫害。达到壮苗标准即可定植。

三、定植

一般日光温室定植时间在 1 月下旬，当苗长至 7～8 片真叶时即可进行。

（一）定植前日光温室的准备

定植前 1 周将日光温室内残株、杂草清理干净，并进行日光温室消毒。一般用白粉虱烟剂（每亩用 8 小袋，每袋 100 克）可防治白粉虱、潜叶蝇、红蜘蛛、蚜虫等。用 45% 百菌清烟剂（每亩用 4 小盒，每盒 100 克）可防治真菌病害。

（二）整地做畦

每亩日光温室施入优质腐熟农家肥 5 000～6 000 千克、多元复合肥 50 千克，深耕 30 厘米，深耕两遍，使土粪掺合均匀，整平畦面后做成高垄。在宽 70 厘米、垄高 20 厘米、垄间距 40 厘米，垄背中间开一小沟，覆盖地膜后可用于浇水。可根据情况选择采用膜下暗灌、滴灌或渗灌。

（三）定植

每垄定植 2 行，株距 40 厘米，先开定植穴，选晴天上午定植，每亩栽苗 2 200～2 400 株。定植后用土将穴口盖严，然后采用膜下滴灌浇足定植水。

（四）定植后管理

1. 温度管理

定植后密闭温室保温以促进缓苗。缓苗后白天超过 30℃时通风，降至 25℃以下缩小通风口，降至 20℃关闭通风口，最低温度保持在 20℃以上，夜间最好能保持 15℃左右。阴天也要揭开保温被或草苫见散射光，只有在灾害性天气外温很低的情况下才不揭开保温被或草苫。

2. 肥水管理

定植水浇足后，一般门茄坐果前不浇水，只有发现土壤水分不足时才浇 1 次水。门茄开始膨大时追肥，每亩追施三元复合肥 30 千克，溶解后随水灌入暗沟中，灌完水把地膜盖严。进入结果后期注意追施氮肥。对茄采收后，每亩追施硝酸铵或硫酸铵 30 千克左右，追肥灌水在明沟进行。过 2～3 天表土干湿适宜时浅松土后培垄。以后随着外温升高，根据植株长势，土壤墒情，灌水在明沟、暗沟交替进行。

3. 植株调整

为了争取日光温室茄子早熟，可采用单杆整枝方法。每株茄子只留一个枝条作为主枝，在门茄以上结 2 个果实。待果实长到采收标准一半大小时，侧枝留 2～3 片叶摘心；以后每级发出侧枝都留 2 个果实，将一侧枝留 2～3 片叶摘心。

（五）采收

茄子为嫩果采收，采收早晚不仅影响品质，也影响产量，特别是门茄，如果不及时采收，就会影响对茄发育和植株生长。当茄子萼片与果实相连处的白色或淡绿色环状带已趋于不明显或正在消失，则表明果实已停止生长，应及时采收，以提高前期产量。通常早熟品种开花 20～25 天后就可采收，收获时最好从果柄处剪断，避免碰伤茄子。

第四节　日光温室越夏连秋茬茄子栽培关键技术

越夏连秋茬是在冬春茬或越冬茬收货后栽植的一茬茄子，可根据情况分别利用日光温室和塑料大棚，多在 4 - 5 月育苗，在日光温室上覆盖旧薄膜，形成"天棚"状，遮光降温，在炎热的夏季和初秋上市。这茬茄子可不用保温被、草苫和新薄膜，栽培成本低，但收益不一定次于其他茬次。夏秋茬茄子是供应 8 ~ 9 月淡季的重要蔬菜，其生育期跨越盛夏高温季节，栽培管理一定要有针对性。而由此顺延的茄子秋延迟栽培有两种方式：一是利用夏秋露地栽培的茄子，在早霜来临前，选生长旺盛、无病虫害的地块就地盖上塑料棚等保护设施，一直延迟采收到 12 月；二是在 6 月下旬至 7 月中下旬育苗，8 月至 9 月定植，在保护设施内延迟到初冬采收。

一、品种选择

日光温室茄子越夏连秋茬栽培对品种的要求，一是中晚熟品种，植株长势强，结果期长。对栽培环境具有较强的适应能力，在高温条件下，能保持较强的生长势和结果能力，不容易早衰。二是抗病能力强，对绵疫病、黄萎病、青枯病、病毒病等具有较强的综合抗性。三是耐热性强。四是商品果率高，畸形果率低。五是果形和果实大小符合市场要求。六是适合再生栽培。目前生产中常用的有早圆、黑硕、新济杂长茄一号、天津快圆茄等。

二、确定适宜的播种时间

华北地区越夏连秋茬一般在 4 月下旬至 5 月上旬播种育苗，8 月上旬开始采收。而往下顺延的秋延迟栽培茄子的播种育苗期为 6 月下旬至 7 月上中旬，8 月定植，10 月上旬开始采收。秋、冬季可利用塑料大棚栽培或利用保温性能稍差的日光温室可延迟到 12 月或翌年 1 月；利用有保温被或草苫覆盖的塑料中小棚可延迟到 12 月上中旬。

三、整地施肥做畦

秋延迟茄子育茄正值炎热多雨的夏季，因此苗床一定要选地势高燥、易灌能排的地块。苗床宜建在 3 年内未种过茄科作物的地块，以防土传病害。整地时一定先喷药消灭病虫害，苗床适当施有机肥，一般每亩施 3000 ~ 5000 千克，磷酸二铵 30 ~ 50 千克，苗床宜做成小高畦，宽 1.0 ~ 1.5 米，有条件时上架小拱，覆塑料薄膜，以遮雨、降温。

四、播种育苗

育苗播种期不宜过早，否则会因苗期温度太高、病害严重、秧苗徒长而入冬后生长受抑制。播种期过晚，病害虽轻，但定植后至寒冷季节时间太短，生长期不足，产量不高。因此，应适期播种。在病害轻、夏季凉爽的地区可适当早播；反之宜晚播。苗期应注意防止大雨浸涝，及时防虫，防病，及时拔草。其他管理措施同越冬栽培。夏季气温高，秧苗生长，苗龄需 40 ~ 50 天。

五、适时定植

可直接定植在大棚或温室内。亦可定植在露地上，待早霜来临前再扣上保护设施。秧苗栽好后随即浇水，定植第 3 天或第 4 天需再浇一次水。缓苗后要及时中耕、蹲苗。雨后立即排水，防止沤根。为减轻茄子绵疫病等病害的发生，可喷一遍 200 倍石灰等量式波尔多液。为降低温度和防止害虫，在保护地顶部覆盖遮阳网，四周设防虫网。一般是在膜上覆盖一层黑色遮阳网，并在室前窗和通风口处用 30 ~ 40 目的白色或银灰色纱网封严。这样既能遮阳防雨，又能阻止蚜虫、白粉虱等害虫迁入。

六、定植后管理

定植后，外界气温高，蒸发量大，在浇缓苗水后适当蹲苗。注意蹲苗不可过度，否则会因土壤干旱而门茄落花。浇水后应立即中耕松土。

在门茄开花至坐果期，应控制浇水，进行蹲苗。为避免过分干旱引起落花，需适当浇水。在雨后或浇水后及时中耕，门茄坐住后及时追肥、浇水、整枝打杈，去掉门茄以下叶，追施粪水，每亩施用 1000～1500 千克，以后每层果坐住后都要追一次肥，每次亩施尿素 10 千克、磷肥 5 千克、钾肥 10 千克。

为减轻茄子绵疫病和褐纹病的发生，应定期喷百菌清、代森锰锌或波尔多液。蹲苗期间，病虫害严重，应及时防治。在加盖覆盖物前，应不断抹除门茄以下多余的侧枝和萌芽，并摘除基部发黄的老、病、残叶、以利通风。秋季夜温偏低，不利于茄子授粉，应用 2，4–D 等蘸花。

随着外界气温降低可在夜间加盖草苫子，并逐渐缩小通风口。尽量保持白天 25～30℃，夜间 15℃ 以上。10月下旬，保留已开放的花朵，在花上留 1～2 叶摘除顶芽，让植株停止生长，全部养分用于结果。覆盖塑料薄膜后，以维持温度为主，减少浇水，一般 10～15 天浇 1 次水。随着浇水可追复合肥 1 次。浇水后注意通风排出湿。

结果期管理的重点是保果、保叶。及时摘除茎部老叶、病叶、定期喷药防治绵疫病、褐纹病以及蚜虫、茶黄螨、红蜘蛛。为满足茄子植株对养分的需要，每隔 10～15 天随水追施一次硫酸铵，每次每亩施 10～15 千克。结合喷药，加 0.3% 尿素或 0.2% 磷酸二氢钾溶液叶面追肥，效果更好。

利用夏秋露地栽培的茄子，加以覆盖作为秋延迟栽培的植株，应在 10月上中旬抹去不结果的多余闲枝，保留 2～3 个已开放的花朵，在花的上方留 1～2 片叶摘心。让植株停止生长，致力于结果。

七、适时采收

及时采收门茄，以免坠秧，影响后期产量。

第五节　日光温室秋冬茬茄子栽培关键技术

一、品种选择

大棚茄子秋冬茬栽培对品种的要求是：中早熟，植株中等偏小，适合密植，增加种植密度；果形和果实大小符合市场的要求，且耐贮运；植株生长势强，坐果能力强，产量高；植株生长稳定，在高温、潮湿以及弱光条件下，不发生徒长；要求苗期至坐果初期耐热性较强。结果期耐低温和弱光照，在低温和弱光照条件下，能保持较强的坐果能力，不形成畸形果，不发生早衰，高抗茄子病毒病。较适宜的品种是京茄1号、北京五叶茄、六叶茄、京圆1号、园杂16号等。

二、播种时间

秋延后栽培茄子，一般在7月底至8月初育苗。

育苗期正值高温多雨季节，不利于茄子生长发育。因此，这茬茄子栽培成功与否关键在于培育壮苗。要避免强光照射苗床，避免雨水冲刷苗床，防止苗床积水，要杜绝蚜虫、白粉虱等病毒媒介进入育苗床。

三、育苗

营养土用肥沃大田土6份与充分腐熟的有机肥4份混合，每立方米营养土中加入三元复合肥2.5千克，1.8%阿维菌素10米L，50%多菌灵80克，充分搅拌均匀，铺于苗床内。用育苗钵育苗，充分保护根系，控制肥水用量，加强苗床通风，防止茄子苗生长过快，发生徒长。对已发生徒长的苗，要及时喷施0.3%矮壮素溶液，减缓苗子的生长速度。定期喷药预防病害，一般从出苗开始，每周喷一次药，交替喷洒多菌灵、杀毒矾、甲霜灵以及病毒A等。苗龄40～50天，有5～7片真叶，70%以上植株门茄现蕾。

如果嫁接育苗，可用托鲁巴姆、野茄2号为砧木，并采用常规方法进行催芽播种。

四、整地施肥

8月上中旬施肥整地，亩施腐熟的优质圈肥 8～10 立方米，过磷酸钙 100～150 千克，施肥后深翻 30 厘米，整平耙细，浇水造墒。采用起垄栽培。按大行距 80 厘米、小行距 60 厘米起垄，垄高 15 厘米。起垄前每亩于垄底撒施氮、磷、钾复合肥 60～80 千克。

五、定植

8月下旬至9月上旬定植。棚室在定植前要进行棚内消毒。方法是：按每立方米空间用硫磺 5 克，锯末 20 克混合后点燃，密闭熏蒸一昼夜，再打开通风口放风。

定植时，茄苗 7～9 片真叶，门茄花现蕾。定植株距 35 厘米，可在垄上开沟浇水，每亩定植 2 300～2 700 株，水渗下后封沟。全棚定植后整理垄面，覆盖地膜。

六、定植后的管理

缓苗期：棚室秋冬茬栽培茄子，一般于 8 月下旬至 9 月初定植。此时由于外界气温较高，能够满足茄子正常生长的需要，一般不用盖膜。茄子定植后，缓苗快，缓苗后生长发育旺盛。缓苗期间如果中午温度过高，土壤蒸发和叶面蒸腾量大，会出现秧苗中午前后萎蔫现象。因此，要注意观察土壤墒情，适时浇水、中耕保墒。高温天气，中午要适当遮光降温，防止秧苗萎蔫，以促进缓苗发根。

当夜间气温连续几天低于 12℃时，要盖棚膜。寿光，一般于"秋分"过后尽早扣膜。"寒露"至"霜降"期间，如果天气正常，白天气温较高时，要揭膜通风降温，此时棚室草帘也应尽量上好，以防夜晚出现霜冻。如果遇寒流天气，要及时封棚保温。寒流较强时，晚上还要放草帘保温。

结果前期：从定植到茄子开始采摘上市一般需 30～40 天。此期间外界气温逐渐降低，管理上应加强温度调节，控制棚内白天温度在 22 ~ 28℃，夜晚 13 ~ 18℃。门茄早收，提高对茄的坐果率。

门茄"瞪眼"以前，土壤不旱不浇水，尽量不施肥，以免引起植株徒长造成落花落果。注意及时中耕除草，进行植株调整，抹除门茄以下的侧枝老叶。若植株密度大，生长旺盛，可以进行单干整枝，以利通风透光。为了防止因夜温低、授粉受精不良而引起的落花落果，可用 2,4-D 溶液蘸花或涂抹花柄。

门茄"瞪眼"后，应及时浇水、施肥，每亩施尿素 15 ~ 20 千克。一般在上午 10:00 左右浇水，浇水后封棚 1 ~ 2 小时，然后通风降湿。

结果盛期：门茄采收以后，当茄子进入结果盛期时，需肥、需水量也达到最大值。因此，此阶段的重点应放在肥水管理上。一般每隔 7 天左右浇一次水，每隔两次水追施一次肥。每亩每次可追施尿素 15 ~ 20 千克和硫酸钾 7 ~ 10 千克，或者腐熟人粪尿 800 ~ 1 000 千克，应结合浇水进行追肥。此时的外界气温较低，浇水应选晴天上午进行。若盖了地膜，应在地膜下浇暗水。使用滴灌，效果更好，可将肥料配制成营养液直接滴灌。为了避免晚上棚内地温低于 15℃，浇水后应闭棚，利用中午的阳光提高棚温，使白天棚温保持 25 ~ 30℃，以利于地温的提高。当棚内温度高于 32℃，应及时通风降湿。夜间温度控制在 15 ~ 18℃，昼夜温差保持在 10℃左右，有利于果实生长。生长后期可以结合病虫害防治进行叶面追肥。喷药时，可加入 0.2% 尿素溶液进行追肥，作为根系吸收能力减弱的补充。秋冬茬茄子一般采取双干或单干整枝，当"四门斗"茄"瞪眼"后，在茄子上面留 3 片叶摘心，同时将下部的侧枝及老叶、病叶打掉，并清理出棚外埋掉或烧掉，以改善棚内通风透光条件，减少养分消耗和病虫害的发生和传播。

植株整理：一般采用双干整枝。长出门茄后植株开始分杈，留 2 个主枝生长，用绳吊枝。门茄膨大后，将下部叶片全部打掉。以后注意适时打掉老叶、侧枝，以改善通风透光条件。

花膨大后花瓣萎蔫时，要及时摘除，不然在低温高湿的环境中，容易引发菌核病和灰霉病。在低温弱光的冬季，土壤中的微量元素和有机质转化慢，不能满足根部吸收，所以应经常喷施叶面肥，如磷酸二氢钾等。

七、适时采收

门茄采收宜早不宜迟，否则出现坠秧现象。此外，采收茄子要看茄眼，当茄眼变窄时说明茄子生长缓慢应及时采收，植株长势弱的宜早采收。采收一般在早晨进行，避免在中午高温时采收。

第六节　日光温室冬春茬茄子栽培关键技术

日光温室冬春茬茄子栽培技术相对比较容易，经济效益比较高，是解决早春和初夏市场供应最重要的种植形式之一。

一、品种选择

大棚冬春茬茄子栽培对品种的要求是：中晚熟，植株长势强，结果期长，产量高；果形和果实大小要符合市场的要求；品种在高温、潮湿以及弱光条件下，不发生徒长，以确保植株及时坐果；栽培品种在低温和弱光照条件下，能保持较强的坐果能力，果形端正，不发生早衰；高抗茄子褐纹病、病毒病、绵疫病等易发生的病害。较适宜的品种是黑又亮、布利塔、东方长茄765、爱丽舍702、二苠茄等。

二、适期播种

播期确定为8月中下旬。

三、育苗

育苗应掌握嫁接砧木选择要求与接穗亲和力高，嫁接易成活、抗病、耐低温并生长速度快的野生茄子品种。要培育大苗。用营养钵育苗，因育苗时间较长，苗期发现营养不足，可用2%的磷酸二氢钾或0.5%的尿素水溶液喷洒。苗子达到门茄花蕾下垂，含苞待放时定植。育苗时要注意保护根系，定植时不伤根，避免落花。

四、整地施肥做畦

一般每亩施腐熟有机肥 8 000～10 000 千克、磷酸二铵 100 千克、尿素 20～30 千克、硫酸钾 50 千克。在造墒后先将 3/4 底肥普施于地面，人工深翻 40 厘米左右，余下的肥料采用沟施或穴施。整畦，畦宽 50～60 厘米，沟宽 80～70 厘米，高 15 厘米以上，中间直径 20 厘米开暗沟或铺滴灌设备。于 7 月中下旬浇大水泡地，并覆盖地膜，利用太阳能进行高温杀菌消毒，9 月下旬扣棚膜，提高地温。

五、定植

定植前 7～10 天进行低温炼苗。嫁接后 40～50 天，株高 20 厘米左右，7～8 片真叶，茎粗 0.6～0.8 厘米，现花蕾，根系发达为壮苗。

定植时间一般于 9 月下旬，定植选择晴天进行。定植茄子株距 45～50 厘米，将茄苗摆在沟中，培土高度以达到幼苗的第 1 真叶处为宜，注意不要使接口触及地面，避免发生不定根和感染病菌。嫁接茄子要适当稀植，不宜过密。定植穴周围用土封压，然后用 90 厘米幅宽地膜覆盖小行垄面，随后膜下暗灌，定植水浇到垄面为准。

六、定植后的管理

缓苗期：定植后第 2～3 天，晴天时应放花帘遮阳防萎蔫，定植后第 4～5 天要选好天气在膜下灌一次缓苗水。缓苗期间，室内温度不超过 35℃时不必放风，超过 35℃时开始逐渐放风，当温度降到 25℃时关闭风口。

外界气温较低时，放风量要小，时间要短，随着外界气温渐渐升高，逐渐加大放风量，适当延长放风时间。阴天放风量要小些，放风时间缩短；晴天放风量要大些，时间延长。在茄子适应温度内尽量提高室温，促进蒸发、蒸腾，光照时间适当延长。缓苗期的温度管理，上午 25～30℃，当超过 35℃时适当放风；温度降到 25℃时关闭通风口。

开花结果期：

追肥：当门茄的长或粗达 3～4 厘米时（瞪眼期）及时浇水追肥，一般亩用尿素 10 千克，硫酸钾 7.5 千克、磷酸二铵 5 千克混合穴施。在门茄瞪眼前不宜浇水。第 2 次追肥在对茄膨大时，追施数量、种类及方法同第 1 次。此后，追肥浇水视植株的生长状况及生长期的长短而定。

点花：随着温度降低，为保证茄子坐果，防止落花和不发生僵果，需进行生长素蘸花，一般定植后 15～30 天门茄开花，用 20～35 毫克 / 千克的 2,4- 天药液点花，同时在每千克点花药液中加入 1 克速克灵或农利灵，一般用毛笔蘸 2,4-D 溶液涂抹花萼和花朵。也可用 30～35 毫克 / 千克防落素药液喷花。

温光调控：此期的温度管理，上午保持在 25～30℃，下午 28～30℃，上半夜 20～23℃；下半夜 10～13℃，土壤温度保持在 15～20℃，不能低于 13℃。深冬季节为了保证地温不低于 15℃，中午的气温可比常规管理提高 2～3℃。如植株旺长就适当降温，尤其要降低夜间气温，植株长势弱时，适当提高温度，如遇阴雨天，棚室内温度低时，减少通风量。

光照：冬季，光照弱，尽可能延长光照时间，增加光合作用。在阴雪寒冷天气，尽量坚持揭苫见光和短时间少量通风，连阴突晴后，温室光照不可骤然加强，否则，会出现茄子植株因突然的蒸腾而失水，发现萎蔫必须回草苫遮阴。浇水后密闭大棚 1 小时增加温度，并在中午加大放风排湿。每天清洁棚膜，有条件时在大棚内悬挂反光幕，在不影响室内温度的情况下，尽量早揭晚盖草苫。

整枝：茄子一般采取双杈分枝。在冬季，冬暖大棚里栽培，密度大，光照弱，通风量又小，如果不进行整枝，中后期很容易"疯秧"，只长秧不结果。因此，必须整枝。采用双干整枝。即对茄以上留两个枝干，每枝留 1 个茄子，每层果留两个茄子。到后期，外界气温升高，昼夜通风时，可以留 3 个枝。

七、采收

门茄易坠秧，采收宜早不宜迟，一般当茄子萼片与果实相连处浅色环带变窄或不明显时，即可采收。植株长势弱的宜早采收。

第七节 棚室茄子的绿色防控集成技术

一、综合防治策略

总防治原则是，各种绿色防控技术要综合和集成，打组合拳，按照预防为主，综合防治的植保方针，坚持以农业防治、物理防治、生物防治为主，化学防治为辅的原则。采取绿色防控与配套栽培技术相结合，应急防治与早期预防相结合的防控策略。

二、主要防治对象

（一）主要病害

猝倒病、立枯病、绵疫病、褐纹病、早疫病、灰霉病、叶霉病、菌核病、斑枯病、细菌性褐斑病、病毒病和南方根结线虫病。

（二）主要虫害

蚜虫、白粉虱、烟粉虱、蓟马、美洲斑潜蝇和茶黄螨等。

三、主要技术措施

（一）农业防治

1. 耕作改制

实行严格轮作制度。用于茄子生产的日光温室应采用包括绿肥在内的种作物进行轮作。前茬作物宜栽培施有机肥多而耗肥较少的葫芦科蔬菜以及能减轻茄子病害的大葱、大蒜、圆葱等。有条件的地区应实行水旱轮作或夏季灌水闷棚。

2. 改良土壤

提倡应用微生物制剂高效低毒污染土壤修复制剂，壳聚糖、壳寡糖及微生物复配技术进行土壤修复与改良。

3. 抗病品种

针对栽培季节及当地限制日光温室茄子生产的主要病虫害控制对象，选用高抗、多抗性茄子品种，如能同时兼抗 TMV、枯萎病、黄萎病和绵疫病的茄子品种。

4. 培育壮苗

采用穴盘无菌育苗法育苗，保证培养出符合质量的无病虫害适龄壮苗；对土传病害严重的地块首先考虑选育抗性砧木进行嫁接育苗，定植前喷施一遍植物免疫诱导剂、诱抗素，同时低温炼苗，提高免疫力和抗逆性。

5. 控温控湿

通过覆盖地膜或行间覆草，控制日光温室内空气湿度，通过放风和辅助加温，调节温室内的温度，满足茄子不同生育时期的适宜温度，避免温度过高或过低。

6. 控制结露

根据日光温室内温度与结露的关系，降低盖苫温度，控制结露。

7. 科学施肥

应减少氮肥的使用量，降低病虫害的发生；叶面喷施钙肥、硅肥等营养元素增强茄子的抗病虫能力。

8. 叶面喷施沼液

取用细纱布过滤后的沼液稀释 150～200 倍，喷洒茄子叶片，可以防治茄子绵疫病、早疫病和炭疽病等，防治效果可达到以上。同时对白粉虱、蚜虫、螨虫等也有一定的兼治效果。

（二）物理防治

1. 色板诱杀

每亩悬挂 30～40 块黄板或蓝板诱杀蚜虫、粉虱和蓟马等害虫；覆盖银灰色膜驱避蚜虫。

2. 杀虫灯诱杀

利用频振杀虫灯、黑光灯和诱杀式太阳能杀虫灯等诱杀斜纹夜蛾等鳞翅目害虫。

3. 防虫网阻虫

通风口、进出口设 40~50 目防虫网，防止蚜虫、粉虱等进入。

4. 太阳能土壤消毒

6 月下旬至 8 月上旬日光温室休闲期充分利用太阳光能实施闷棚消毒。具体操作方法：清除上茬作物后，亩均匀撒施鲜鸡粪 1000~2000 千克、作物秸秆深翻土层 25~40 厘米，整平做畦；浇水使土壤相对湿度达 85%~100%，地膜覆盖，封闭棚膜 25~30 天。

高温闷棚是寿光等棚室茄子主产区的优良传统，越夏茬、秋延茬、越冬茬茄子定植前必须高温闷棚，选择连续 3~5 天晴朗天气，选用 15% 菌毒清（1，2 辛基胺乙基甘氨酸盐）300 倍液，喷布冬暖大棚的所有内面，然后严闭大棚，闷棚 3~5 天。一般在第 3 天的中午前后，棚内气温可达到 65℃左右，5 厘米地温也达到 50℃左右。高温加药剂，能在效杀虫、灭菌、消毒。在定植前两天，大开通风口，通风降温，降至棚内气温为 25~30℃，适宜于定植茄子所需的温度。

（三）生物防治

1. 释放丽蚜小蜂

引进释放丽蚜小蜂等寄生性天敌，防治粉虱等害虫。发现粉虱成虫时，开始放丽蚜小蜂。

一般每亩放蜂 1 万头；单株茄子粉虱成虫多于 5 头时，可先用烟雾剂全棚熏杀，降低虫口基数，7 天后再放蜂。

2. 释放胡瓜新小绥螨

引进释放胡瓜新小绥螨等捕食螨类，防治蓟马等害虫。苗期每株释放胡瓜新小绥螨 5~10 头，结果期每株释放 20~30 头。

3. 利用球孢白僵菌

利用球孢白僵菌等寄生菌，防治蓟马等害虫。用 200 亿（cfu）/克的粉剂按 1∶100 对水稀释成 1 亿（cfu）/克以上的菌液喷雾，菌液要随配随用。

4. 利用多杀霉素

利用多杀霉素防治蓟马。用 25 克 / 千克多杀霉素悬浮剂 800 ~ 1000 倍液喷雾。

5. 利用植物源制剂

利用植物源制剂防治蚜虫、潜斑蝇、白粉虱等多种虫害。可用 0.3% 印楝素 EC800 ~ 1200 倍液，0.5% 黎芦碱醇溶液 400 ~ 600 倍液，或 1% 苦参碱 AS600 倍液，或 0.65% 苗莠素 AS400 ~ 500 倍液喷雾。

6. 利用淡紫拟青霉

利用淡紫拟青霉防治根结线虫病。定植时穴施（施在种苗根系附近），亩用 100 亿（cfu）/ 克淡紫拟青霉 WP0.5 ~ 1.0 千克。

7. 利用芽孢类杆菌

利用芽孢类杆菌防治黄萎病、枯萎病、根腐病等多种土传病害。可用 10 亿（cfu）/ 克多粘类芽孢杆菌 WP1000 ~ 2000 倍液，或 10 亿（cfu）/ 克枯草芽孢杆菌 WP1000 ~ 2000 倍液，或 20 亿（cfu）/ 克蜡质芽孢杆菌 WP200 ~ 300 倍液灌根，每株不得少于 250 克药液。

8. 利用哈茨木霉菌

利用哈茨木霉菌防治根腐病。定植后用 3 亿（cfu）/ 克哈茨木霉菌可湿性粉剂 3 000 倍液灌根。

9. 利用抗生素类制剂

利用抗生素类制剂防治多种病害。可用 2% 武夷菌素倍 AS200 ~ 300 倍液喷雾防治灰霉病、叶霉病和绵疫病等；可用 90% 新植霉素 WP2000 ~ 3000 倍液或 3% 中生霉素 WP1000 ~ 1200 倍液喷雾防治细菌性褐斑病；可用 2% 春雷霉素 AS600 ~ 800 倍液喷雾防治叶霉病、灰霉病和白粉病；可用 2% 宁南霉素 AS200 ~ 250 倍液倍液喷雾防治病毒病。

10. 利用糖类制剂

利用寡糖、多糖类制剂防治多种真菌性病害。可用 2% 氨基寡糖素 AS1000 倍液喷雾防治灰霉病、炭疽病。可用 0.4% 低聚糖素 AS300 ~ 500 倍液喷雾防治菌核病、炭疽病、白粉病。

利用寡糖、多糖类制剂防治防治病毒病。可用 2% 氨基寡糖素 AS1000 倍液，或 0.5% 菇类蛋白多糖 AS250 ~ 300 倍液，或 0.5% 香菇多糖 AS500 ~ 600 倍液叶面喷雾。

（四）化学防治

根据主要病虫种类选用相应的杀菌剂、杀虫剂等合理混用。当棚室内发生单一病虫时，进行针对性防治。当棚室内病虫害达到防治指标时，组织开展应急防治。使用药剂防治应符合农药安全使用标准、农药合理使用准则的要求。优先采用粉尘法、烟熏法。注意轮换用药，合理混用，严格控制农药安全间隔期，药剂浓度严格按照农药包装说明推荐的剂量使用。

1. 猝倒病

发病初期，可用 38% 恶霜嘧铜菌酯 AS800 倍液，或 72% 霜脲氰锰锌 WP1 000 倍液，或 50% 烯酰吗啉 WG1500 倍液，或 72.2% 霜霉威 AS600 倍液，喷洒或灌根防治。

2. 立枯病

发病初期，可用 15% 噁霉灵 AS500 倍液，或 50% 福美双 WP500 倍液，或 50% 多菌灵 WP600 ~ 800 倍液喷洒或灌根防治。

3. 绵疫病

发病初期，可用 69% 安克锰锌 WP800 倍液，或用 72% 霜脲氰锰锌 WP600800 倍液，或 69% 烯酰吗啉锰锌 WP800 倍液，或 58% 甲霜灵锰锌 WP800 倍液，或 70% 甲霜铝铜 WP800 倍液，或 60% 吡唑醚菌酯 WG1000 ~ 1500 倍液，喷雾防治。

4. 褐纹病

发病初期，选用 58% 甲霜灵锰锌 WP800 ~ 1000 倍液，或 50% 甲霜铜 WP500 倍液，或 75% 百菌清 WP600 倍液喷雾防治。

5. 早疫病

发病初期，每亩选用 45% 百菌清烟剂 250 克熏烟，或 5% 百菌清粉尘剂或 5% 霜霉威粉尘剂亩用 1 千克喷粉，或 40% 氟硅唑 EC8 000 ~ 10 000 倍液，或 75% 百菌清 WP600 倍液，或 72% 霜脲氰 WP600 ~ 800 倍液，或 70% 丙森锌 WP500 ~ 600 倍液，或

43% 戊唑醇 AS3 000 倍液，或 10% 苯醚甲环唑 WG1 500 倍液喷雾，兼治绵疫病。

6. 灰霉病

发病初期，选用 50% 嘧菌酯 WP3000 倍液，或 40% 嘧霉胺 WP800～1200 倍液，或 50% 异菌脲 WP800～1200 倍液，喷雾防治。用激素蘸花时，可在药液中加入 0.1% 的 50% 腐霉利 WP，或每亩采用 10% 腐霉利烟剂 260～300 克，关闭棚室，熏蒸防治。

7. 叶霉病

发病初期，选用 10% 苯醚甲环唑 WG1500～2000 倍液，或 40% 氟硅唑 EC8000～10 000 倍液，或 25% 丙环唑 AS5000 倍液，或 70% 丙森锌 WP500～600 倍液喷雾防治。

8. 菌核病

发病初期，可用 25% 咪鲜胺 EC1500 倍液，或 50% 乙稀菌核利 WP1000 倍液，50% 异菌脲 WP1000～1500 倍液，喷雾防治。也可每亩采用 10% 腐霉利烟剂 300 克，关闭棚室，熏蒸防治。

9. 斑枯病

发病初期，可用 58% 甲霜灵锰锌 WP800～1000 倍液，或 75% 百菌清 WP600 倍液，或 64% 恶霜灵锰锌 WP600 倍液喷雾防治。

10. 细菌性褐斑病

发病初期，可用 78% 硝基腐植酸铜 WP600 倍液，或 47% 春雷·王铜 WP600～800 倍液喷雾防治。也可用 50% 虎胶肥酸铜 WP400 倍液，或 77% 氢氧化铜 WP500 倍液，灌根防治。

11. 病毒病

发病初期，可用 20% 盐酸吗啉胍铜 WP300～400 倍液，或 5% 菌毒清 AS150～250 倍液，或高锰酸钾 1000 倍液与 1.8% 复硝酚钠 6000 倍混合液，喷雾防治。

12. 根结线虫病

定植前撒施 10% 噻唑磷克 R4～5 千克，或穴施 2.5 千克左右，定植后用 2% 阿维菌素 EC1200～1500 倍液，或 50% 辛硫磷 EC500～600 倍液灌根防治。

13. 蚜虫、粉虱

可用 10% 吡虫啉 WP2800 倍液，或 25% 噻虫嗪 WG2500～3000 倍液，或 40% 啶虫脒 WG1000～2000 倍液，或 40% 噻嗪酮 WP1000 倍液喷雾防治。在产卵盛期至幼虫孵化初期，可用 50% 灭蝇胺 WP2500～3500 倍液，或 10% 吡虫啉 WP1000 倍液喷雾防治。

14. 蓟马

可选用 20% 复方浏阳霉素 EC1000 倍液，或 2% 吡虫啉 WP500～800 倍液喷雾防治，也可 25% 噻虫嗪 WG2500～4000 倍液灌根。

15. 美洲斑潜蝇

在产卵盛期至幼虫孵化期，可用 50% 灭蝇胺 WP2500～3500 倍液，或 10% 吡虫啉 WP1000 倍液，或 1% 甲维盐 SC1500 倍液，或 1.8% 阿维菌素 EC3000 倍液喷雾防治。

16. 黄茶螨、红蜘蛛

可选用 15% 哒螨酮 WP3000 倍液，或 1% 阿维菌素 EC1500 倍液，或 73% 炔螨特 EC1000 倍液，25% 灭螨猛 WP1000～1500 倍液，或 2.5% 联苯菊酯 EC300 倍液，或 40% 环丙杀螨醇 WP1500～2000 倍液喷雾防治。

四、防虫网配套熊蜂授粉栽培技术

防虫网配套熊蜂授粉栽培技术，是茄子绿色生产的重要措施之一，对发展无公害蔬菜和降低生产成本，减少病虫害发生、增产增效具有重要意义。近年全国很多地区引进示范防虫网配套熊蜂授粉技术进行茄子等棚室蔬菜生产，收到良好效果，每个日光温室增加产值 3000 元以上。

（一）防虫网配套熊蜂授粉技术原理

（1）熊蜂授粉是一种自然的授粉方式，能够适时授粉，访花后留有褐色标记，访花效果清晰可见，熊蜂和蜜蜂同样都是采集花蜜的能手，但它们的生活习性和生理结构却有着很大的差别，这些差别正是熊蜂在大棚中授粉的优势。这些优势就是耐低温、耐低光照、耐高湿度。蜜蜂出巢正常工作，外界温度必需高于 14℃，而熊蜂出巢温度为 6.5℃。这样在气候寒冷时，熊蜂依然能飞行和采集花粉。当温度在 10 ~ 11℃时，蜜蜂已经失去了飞行的能力，而熊蜂还能正常活动，这种抗低温的本领，在冬季日光温室茄子授粉中占有很大的优势，并且熊蜂比蜜蜂的体格强壮，一天能访花上百朵，它全身丝绒一样的毛，非常容易于附着花粉，每只熊蜂一次访花可以携带有花粉数百万粒，授粉效率是蜜蜂的很多倍（图 5-81）。

（2）防虫网是由聚乙烯（添加了防老化、抗紫外线等化学助剂）为原料，经拉丝织造而成的网，具有拉力强度大、抗热、耐水、耐腐蚀、耐老化、无毒无味等特点，蔬菜防虫网是以防虫网构建的人工隔离屏障。

（3）将二者结合起使用，熊蜂被防虫网隔离在棚室内授粉，防虫网又将害虫拒之网外，从而起到防虫保菜的效果，提高蔬菜产品质量安全。

（二）使用方法

将防虫网覆盖在大棚通风口，或直接将防虫网覆盖在棚架上，全棚覆盖；在茄子花开 5% 时，即可将熊蜂放入棚室内，蜂箱要轻拿轻放，置于离地面 50 厘米高的凉爽处，可以预先搭建一个小型蜂箱架，保持蜂箱稳定，放置后避免强烈震动，也不要随意挪动蜂箱位置，在静置蜂箱半小时后，将箱门打开。蜂箱有两个开口，一个是可进可出的开口，另一个是只进不出的开口。正常作业时，可封住后一开口，打开前一开口，允许熊蜂自由进出。在用药时，可根据实际情况，在傍晚熊蜂回巢时，封住箱口，将蜂箱移出棚室，免受药害。一箱熊蜂一般有 100 ~ 130 只蜂，可供 1334 平方米的棚室茄子授粉，不超过此面积的日光温室，用一箱熊蜂足以达到熊蜂授粉的要求。

（三）作用

（1）熊蜂授粉完全取代了激素蘸花，人工激素蘸花难以控制用量和浓度，不能够掌握最佳授粉时间，极易导致激素中毒而减产。

（2）经过熊蜂授粉的作物，坐果能力强且效果稳定，熊蜂即使在不良天气情况下仍可授粉，从而保证坐果率，一箱熊蜂可授粉面积为 667～2000 平方米。

（3）蔬菜覆盖防虫网后，大大减轻了病害的侵染，基本上可免除蚜虫等多种害虫的危害，起到防虫又防病的功效。

图 5-81　熊蜂授粉　左：熊蜂　右：蜜蜂

（4）减少用工，节省投入。由于使用防虫网配套熊蜂授粉，有效地减少了病虫害的发生，茄子在生长过程中就可以不喷或少喷农药，节省了人力、物力、财力的投入，提高经济效益。

（5）提高茄子的产量与产品品质。经过熊蜂授粉的果实，无裂果、畸形果和僵果，口味自然，安全无毒害，没有了病虫的危害，少施农药，极大的保证了茄子的质量，利于实现绿色生产的发展。

（四）技术要点

（1）蜂箱在放置后，不要随意挪动，巢口朝南，便于熊蜂辩别方向，在喷洒农药时，要将蜂箱挪出棚室，根据农药的具体情况确定药性的间隔期，药性对熊蜂不构成危害时，再将熊蜂放入棚内。

（2）选用适宜的防虫网，茄子生产以选用14～40目的网为宜。在能有效防止茄子上形体最小的主要害虫蚜虫的前提下，目数应越小越好，以利通风。覆盖前进行土壤消毒和化学除草，目的是杀死残留在土壤中的病毒和害虫，阻断害虫的传播途径。防虫网四周要用土压实，防止害虫潜入产卵。随时检查防虫网破损情况，及时堵住漏洞和缝隙。

（3）实行全生育期覆盖，一是防止熊蜂外出，二是防止棚外的害虫进入棚内。应避免茄子紧贴防虫网，防止网外害虫取食菜叶继而产卵。

（4）控制棚内温湿度，防虫网在使用过程中如果外部环境气温较高，棚内空气流通不畅，棚内温湿度相对升高，对茄子的生长发育是极为不利的，易造成烂籽、烂苗、徒长等，严重的会出现枯死。因此在生产中要注意控制棚内温湿度。在气温较高时，如7－8月特别高时，可增加浇水次数，以湿降温。

（5）防虫网投入较高，提倡多茬使用。使用结束后，应及时收压、洗净、吹干、卷好，再次使用时应检查破损情况，及时堵住漏洞和缝隙。

（五）使用农药注意事项

（1）授粉期间谨慎打药或熏药，如需打药或熏药，应将蜂箱搬到其他未打药棚室，严格确定安全间隔期限，间隔期间如遇阴天，则阴天天数不计入安全间隔期，间隔期顺延。

（2）打药或熏药后，应在温度高时加大棚室通风，以便使农药尽快散去。

（3）因打药或熏药，蜂箱搬到其他棚室后超过3天，要打开巢门，让熊蜂自由进出，以免因高温闷死，间隔期间不超过3天的，可以不打开巢门

五、新型点花药的应用

台湾农友种苗公司最新配制的富含糖醇硼的高性能点花剂，在寿光试验成功后，已在全国种植区大面积推广，在茄子、番茄等蔬菜上使用效果甚佳（图5-82）。

产品特点是多元复配，一点即灵；本品用量少，使用方便，

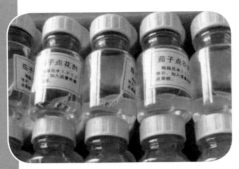

图 5-82　新型点花药"糖醇硼"

轻轻一点即可坐果；膨果快，无灰霉烂果、裂果和畸形果；受温度限制小，在 10～30℃最佳，阴雨天、晴天、晚上均可使用。作用机理是根据生物ATP原理，采用纳米微溶络合技术，强效刺激植物生理细胞终端，调理养分向花粉管内运转，增加花粉量，强力坐果。其技术指标和含量成分为，硼 ≥ 180 克 / 升，复合糖醇 ≥ 60 克 / 升，pH 值 ≤ 7.0。用法极其简单，用时摇匀，用毛笔轻点茄子花把即可（图 5-83），

图 5-83　"糖醇硼"使用简单，用时摇匀，用毛笔轻点茄子花把即可

菜农愿意使用和接受。使用技术上应注意，要点刚刚开放和含苞待放的花；无需再加其他坐果剂、营养剂、杀菌剂、增色剂等；避开 10℃以下、35℃以上两个极限温度点花。

采用改性的水溶性聚合态糖醇硼，还可高效补充硼元素，防止各种缺硼症状。可保花保果，有效防止落花落果、花果发育不良，蕾而不花，花而不实等因缺硼所引起的生理性病害。移动性快，在开花前甚至收获后喷在叶片上，都可贮存在枝干中；开花时能及时转移到花中，供开花坐果用。促进钙、糖和植物内源激素的转运，促进细胞分裂和发育，防止生长点坏死，显著促进新根和新芽的形成。内含天然糖醇，是唯一能携带矿物质养分在植株运输的物质。可增强作物的抗病、抗逆能力，同时带动作物对其他营养元素的吸收，促进植株健壮生长。

第六章　茄子主要病虫害的识别与防治

第一节　主要病害

一、绵疫病

茄子绵疫病，又称烂茄子、掉蛋、水烂、白毛病，在各菜区普遍发生，夏秋多雨季节发病重。发病严重时常造成果实大量腐烂，直接影响产量，茄子各生育阶段皆可受害，损失可达20%～30%，甚至超过50%，是茄子三大病害之一。

（一）症状与识别

主要为害部位为果实和茎基部。幼苗期发病，茎基部呈水浸状，发展很快，常引发猝倒，致使幼苗枯死。成株期叶片感病，产生水浸状不规则形病斑，具有明显的轮纹，但边缘不明显，褐色或紫褐色，潮湿时病斑上长出少量白霉。茎部受害呈水浸状缢缩，有时折断，并长有白霉。花器受侵染后，呈褐色腐烂。果实受害最重，开始出现水浸状圆形斑点，边线不明显，稍凹陷，黄褐色至黑褐色。病部果肉呈黑褐色腐烂状，在高湿条件下病部表面长有白色絮状菌丝，病果易脱落或干瘪收缩成僵果（图6-1）。

图6-1　茄子绵疫病果实危害症状

（二）防治方法

1. 农业防治

（1）选用抗病品种。如布列塔长茄、兴城紫圆茄、贵州冬茄、通选1号、济南早小长茄、竹丝茄、辽茄3号、丰研11号、青选4号、老来黑等。一般说圆茄比长茄较抗此病，如四川墨茄、闽茄1号、绿丰2号、丰研1号等较抗病。厚皮品种比薄皮品种较抗病，早熟品种比晚熟品种较抗病。

（2）育苗。近年来寿光等保护地茄子产区，基本采用工厂化育苗，菜农均变为买苗而不是自育苗。工厂化育苗基本上采用穴盘育苗，分全自动或半自动播种机播种和人工播种两大类，有茄子育苗专用基质，一穴一粒种子，养分充足，根系发达，定植时不伤根或少伤根，增强了抗病性，减少了染病机会。育苗基质可自配育苗有机基质，因地制宜地选用无公害基地内无病虫源的田园土、腐熟农家肥、草炭、复合肥等，按一定比例配制基质，孔隙度、pH值、速效磷、速效钾、速效氮等指标适宜，疏松、保肥、保水，营养完全；也可使用商品基质，即从基质生产厂家购买的穴盘育苗基质，寿光很多基质生产厂家从东北进草炭土甚至从国外进口草炭土，高品质原料草炭采用科学的开采技术，原料的筛选都极为仔细、规范，产品添加了大量元素和微量元素营养添加剂、保水剂，从育苗开始，大大减轻茄子绵疫病。如沿用苗床育苗方式，则应注意灭菌，可用杀菌剂拌细土制成药土，播种时，取部分药土撒在苗床上铺垫，另一部分药土盖在种子上。

（3）嫁接。选用托鲁巴姆作砧木的嫁接茄苗，除高抗黄萎病、青枯病、立枯病、斑枯病、根线虫外，也可减轻茄子绵疫病的发生。

2. 化学防治

种子处理：用2.5%咯菌腈悬浮种衣剂加35%精甲霜灵乳化种衣剂拌种，可大大减轻绵疫病的发生。

穴施或沟施：在茄苗定植时，用70%甲基托布津可湿性粉剂，或75%敌克松可湿性粉剂1：100配成药土，每亩穴施或沟施药土75~100千克。

灌根：发病前用 25% 甲霜灵可湿性粉剂 500 倍液或 80% 三乙磷酸铝 600 倍液灌根，每株灌药 150 毫升，视天气每 10 天灌根防治 1 次。

喷洒：缓苗后，用 70% 的敌克松可湿性粉剂 500 倍液或 70% 代森锌可湿性粉剂 500 倍液喷洒植株根部，7～10 天喷一次。每隔 7 天喷一次 1∶1∶200 倍波尔多液防止病害发生。发病后立即施药，药剂可选 75% 百菌清 500～600 倍液、50% 甲基托布津可湿性粉剂 800 倍液、40% 乙磷铝可湿性粉剂 200 倍液等，交替用药，一般每隔 7～10 天喷 1 次，连喷 3～4 次。

发病初期开始喷药，重点保护中下部茄果。药剂可选用：80% 代森锰锌可湿性粉剂 400～600 倍液，或 40% 乙磷铝可湿性粉剂 300 倍液，或 56% 嘧菌酯百菌清 600 倍液，或 38% 恶霜嘧铜菌酯 800～1000 倍液，或 58% 瑞毒霉锰锌可湿性粉剂 500～600 倍液，4% 嘧啶核苷类抗菌素 500 倍液，或 14% 络氨铜水剂 300 倍液，或 77% 可杀得可湿性粉剂 500～600 倍液，或 50% 克菌丹可湿性粉剂 500 倍液，或选 687.5 克/升氟菌·霜霉威悬浮剂 500～800 倍；或 50% 烯酰吗啉可湿性粉剂（阿克白）1000～2000 倍喷雾等。每 7～10 天喷 1 次，连喷 2～3 次，可收到良好的防治效果。

浸果：此法费工费时，但效果好。最好在晴天实施，用 70% 代森锰锌可湿性粉剂 600 倍液加 25% 雷多米尔可湿性粉剂 800 倍液配成混合液，将所有茄果涂或浸一遍。

3. 物理防治

温水种子消毒：播种前对种子进行消毒处理，如用 50～55℃ 的温水浸种 7～8 分钟后播种，可大大减轻绵疫病的发生。

另可用新高脂膜温水浸种 15 分钟，浸种后捞出晾干即可下种，可减轻绵疫病的发生，可保温、保湿、吸胀，提高种子发芽率，使幼苗健壮，驱避地下虫害，隔离病毒感染。新高脂膜本身不具备杀菌作用，不是化肥，不属于农药，是多功能植物保护外用品，防病机理属物理防治，pH 值为中性，可与各类液体任意比例混合使用，也可单独使用。

149

4. 生物防治

生物菌剂处理土壤："金微牌"微生物菌剂，既不同于复合肥，更不同于有机肥，它是有益微生物、有机质、矿质营养元素的科学合理的组配。有效活菌数≥2.0亿/克，每亩地用"金微"微生物菌剂30~40千克处理土壤，可防治茄子绵疫病，靠根施用效果更好。

中草药复合制剂喷雾：发现病果时要及时摘除，并全棚喷洒药剂。预防：病害常发期，使用霜贝尔30毫升对水15千克喷雾，5~7天使用一次。治疗：霜贝尔50毫升 + 大蒜油15~20毫升对水15千克喷雾，3~5天喷1次，连用2~3次，病情控制后，转为预防。施药时间：避开高温时间段，最佳施药温度为20~30℃。

生物农药喷雾：用2%武夷菌素AS（水剂）250~300倍液喷雾，可防治茄子绵疫病，从苗期开始连续喷武夷菌素3~4次，发病率大大降低。

沼液叶面喷施：取用细纱布过滤后的沼液稀释150~200倍，喷洒茄子叶面，可以防治茄子绵疫病，防治效果可达90%以上。

二、茄子褐纹病

（一）症状与识别

褐纹病是茄子独有的病害，因其发病严重故而又称疫病，是茄子三大病害之一。幼苗受害，多在茎基部出现近菱形的水渍状斑，后变成黑褐色凹陷斑，环绕茎部扩展，导致幼苗猝倒。稍大的苗则呈立枯病部上密生小黑粒，成株受害，叶片上出现圆形至不规则斑，斑面轮生小黑粒，主茎或分枝受害，出现不规则灰褐色至灰白色病斑，斑面密生小黑粒；严重的茎枝皮层脱落，造成枝条或全株枯死；茄果受害，长形茄果多在中腰部或近顶部开始发病，病斑椭圆形至不规则形大斑，斑中部下陷，边缘隆起，病部明显轮纹，其上也密生小黑粒，病果易落地变软腐，挂留枝上易失水干腐成僵果，故又称干腐病（图6-2）。

图 6-2 茄子褐纹病
左：茄子褐纹病叶危害症状；右：茄子褐纹病果实危害症状

（二）防治方法

1. 农业防治

（1）选用抗病品种，如红骄龙 F_1、美茄 1 号、黑丽长茄、白又嫩长白茄子 F_1、日友长直壮青长茄、苏崎 1 号、龙黑长茄等，对褐纹病的抗性很好。另需选用无病、包衣的种子，如未包衣则种子须用拌种剂或浸种剂灭菌。

（2）育苗当前寿光等保护地茄子产区，基本采用穴盘育苗，有茄子育苗专用基质，育苗基质可自配育苗有机基质，也可使用商品基质，即从基质生产厂家购买的穴盘育苗基质，从育苗开始，大大减轻茄子褐纹病。如沿用苗床育苗，则应注意灭菌，可用杀菌剂拌细土制成药土，播种时，取部分药土撒在苗床上铺垫，另一部分药土盖在种子上。育苗的营养土要选用无菌土，用前晒三周以上；苗床床底撒施薄薄一层药土，播种后用药土覆盖，移栽前喷施一次除虫灭菌剂，这是防病的关键。

（3）托鲁巴姆做砧木嫁接，可大大提高茄子对褐纹病的抗性。

2. 物理防治

先用冷水将种子预浸 3～4 小时，然后用 55℃温水浸种 15 分钟，或用 50℃温水浸种 30 分钟，立即用冷水降温，晾干播种。

3. 化学防治

（1）苗床灭菌。每平方米用 50% 多菌灵可湿性粉剂或 50%

福美双可湿性粉剂 10 克拌细土 2 千克制成药土，播种时，取 1/3 药土撒在苗床上铺垫，2/3 药土盖在种子上。

（2）种子灭菌。10% 的 "401" 抗菌剂 1000 倍液浸种 30 分钟，或 300 倍福尔马林溶液浸种 15 分钟，或 1% 高锰酸钾溶液浸种 10 分钟，或 0.1% 硫酸铜溶液浸种 5 分钟，浸种后捞出，用清水反复冲洗后晾干播种。用 50% 苯菌灵可湿性粉剂和 50% 福美双可湿性粉剂各一份与干细土三份混匀后，用种子重量的 0.1% 拌种。

（3）发病时喷施。苗期发病喷施：75% 百菌清可湿性粉剂 1000 倍液、50% 克菌丹可湿性粉剂 500 倍液、65% 代森锌可湿性粉剂 500 倍液、40% 氟硅唑乳油 8000 倍液、77% 护丰安可湿性粉剂 400～600 倍液、50% 退菌特可湿性粉剂 1000 倍液、70% 代森锰锌可湿性粉剂 500 倍液、58% 甲霜灵·锰锌可湿性粉剂 500 倍液、64% 杀毒矾可湿性粉剂 600 倍液、50% 克菌丹可湿性粉剂 500 倍液。每隔 5～7 天喷一次，交替使用上述不同药剂，共 2～3 次，可收到较好的防治效果。坐果期发病喷施：75% 百菌清可湿性粉剂 600 倍液、70% 代森锌可湿性粉剂 400～500 倍液、65% 福美锌可湿性粉剂 500 倍液。熏烟法：在棚室内可采用 10% 百菌清烟剂或 20% 速克灵烟剂，或 10% 百菌清加 20% 速克灵混合烟剂，每亩用药 300～400 克，每隔 5～7 天一次，共 2～3 次。

三、茄子黄萎病

（一）症状与识别

茄子黄萎病又称半边疯、黑心病、凋萎病，是为害茄子的重要病害，是茄子三大病害之一。茄子苗期即可染病，多在坐果后表现症状。茄子受害，一般自下向上发展。初期叶缘及叶脉间出现褪绿斑，病株初在晴天中午呈萎蔫状，早晚尚能恢复，经一段时间后不再恢复，叶缘上卷变褐脱落，病株逐渐枯死，叶片大量脱落呈光秆。有时植株半边发病，呈半边疯或半边黄。此病对茄子生产危害极大，发病严重年份绝收或毁种。症状主要表现在，植株半边下部叶片近叶柄的叶缘部及叶脉间发黄，渐渐发展为半边叶或整叶变黄，引起叶片歪曲。晴天高温，病株萎蔫，夜晚或阴雨天可恢复,病情急剧发展时,往往全叶黄萎,变褐枯死。症状由下向上逐渐发展,严重时全株叶片脱落,多数为全株发病,少数仍有部分无病健枝。病株矮小,株形不舒展,果小,长形果有时弯曲,纵切根茎部,可见到木质部维管束变色,呈黄褐色或棕褐色(图6-3)。

图 6-3　茄子黄萎病

(二)防治方法

1. 农业防治

(1)以选用抗病品种为基础,坚持栽培措施防治和药剂防治相结合,是防治避免茄子黄萎病的有效方法,选用抗病品种如长茄1号、黑又亮、长野郎、冈山早茄、吉茄1号、辽茄3号、长茄3号、鲁茄1号等。

(2)用嫁接育苗的方法防病,托鲁巴姆做砧木嫁接苗对黄萎病有高抗作用,用野生水茄、红茄作砧木,栽培茄作接穗,防治效果也很明显。

(3)发现过黄萎病的棚室,要与非茄科作物轮作,其中以与葱蒜类轮作效果较好。

2. 化学防治

种子用96%天达噁霉灵粉剂3000倍液加天达2116之1000倍液浸种20分钟、50%多菌灵可湿性粉剂500倍液加云大120之500倍液浸种2小时,或用55℃温水浸种15分钟,移入冷水冷却后备用。

定植后每亩用2.5千克50%多菌灵可湿性粉剂喷撒地面,耙入15厘米深处。发病初期用30%"噁霉灵"600倍液加"天达2116"1000倍液、38%噁霜菌酯800倍液,防效达93%上;50%琥胶肥酸铜(DT)可湿性粉剂350倍液、70%甲基托布津可湿性粉剂700倍液、50%多菌灵可湿性粉剂500倍液、60%百泰可分散粒剂 1500 倍液、50% 苯菌灵可湿性粉剂 1000 倍液等灌根，每株灌配好的药液 0.5L。

3. 生物防治

奥力克（青枯立克）50 毫升 + 大蒜油 15 毫升对严重病株及病株周围 2 ~ 3 米内区域植株进行小区域灌根，连灌 2 次，两次间隔 1 天，根据病情第 2 次用药后间隔 3 ~ 5 再巩固用药 1 次；其余可采用 300 倍液进行穴灌预防 1 ~ 2 天次，间隔 3 ~ 5 天。

四、茄子炭疽病

（一）症状与识别

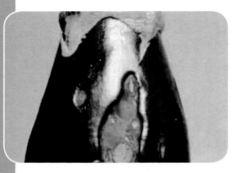

图 6-4 茄子炭疽病

主要为害果实。在果面形成近圆形病斑，大小 15 ~ 25 毫米，初表面灰褐色，后变成灰白色，其上生出大量黑点状毛刺，即病菌分生孢子盘。该病多发生在生活力弱的果实上（图 6-4）。传播途径和发病条件是，病菌主要以菌丝和未成熟的分生孢子盘随病残体遗留在土壤中越冬，病菌也可以通过菌丝潜伏在种子上，种子发芽后直接侵害子叶，使幼苗发病。

（二）防治方法

1. 农业防治

与非茄果类蔬菜实行 3 年以上轮作，施用充分腐熟有机肥，提倡施用酵素菌沤制的堆肥和生物有机肥；采用高畦或起垄栽培，及时插杆架果，可减轻发病。

2. 化学防治

（1）发病初期开始喷洒 40% 多丰农可湿性粉剂 500 倍液或 50% 苯菌灵可湿性粉剂 1500 倍液或 75% 百菌清可湿性粉剂 1000 倍液加 70% 甲基硫菌灵可湿性粉剂 1000 倍液、75% 百菌清可湿性粉剂 1000 倍液加 50% 苯菌灵可湿性粉剂 2000 倍液。

（2）可选用 8% 克炭灵粉尘剂，每亩喷 1 千克。采收前 7 天停止用百菌清。

（3）预防从苗期开始使用速净 30 毫升对水 15 千克喷雾，5~7 天一次。治疗时使用速净 50 毫升 + 大蒜油 15 ~ 20 毫升，对水 15 千克喷雾，3~5 天一次 . 连打 2~3 次。病情控制后，转为预防。速净与大蒜油复配时，加水后需依次稀释。

五、茄子枯萎病

（一）症状与识别

茄子枯萎病是茄子的主要病害之一，随着保持地栽培面积的扩大，近年来有加重发病的趋势。茄子枯萎病主要危害根茎部。苗期和成株期均可发生。苗期染病，开始子叶发黄，后逐渐萎垂干枯，茎基部变褐腐烂，易造成猝倒状枯死。成株期根茎染病，开始时植株叶片中午呈萎蔫下垂，早晚又恢复正常，叶色变淡，似缺水状，反复数天后，逐渐遍及整株叶片萎蔫下垂，叶片不再复原，引起萎蔫（图 6-5），最后全株枯死，横剖病茎，病部维管束变褐色。但另一危害症状为

图 6-5　茄子枯萎病

同一植株仅半边变黄，另一半健全如常。识别要点是，茄子枯萎病病株叶片自下向上逐渐变黄枯萎。

（二）防治方法

1. 农业防治

（1）实行轮作，施用充分腐熟的有机肥，采用配方施肥技术，适当增施钾肥，提高植株抗病力。采用高畦种植，合理密植，注意通风透气；施用石灰调节土壤酸碱度，造成不利病菌存活环境；施用充分腐熟的有机肥，采用配方施肥技术，适当增施钾肥，提

高植株抗病力；合理灌溉，严禁大水漫灌，促进根系生长。

（2）选用耐病品种。

2. 化学防治

（1）新土育苗或床土消毒。用 50% 多菌灵可湿性粉剂 8～10 克，加土拌匀，先将 1/3 药土撒在畦面上，然后播种，再把其余药土覆在种子上。

（2）种子消毒，用 0.1% 硫酸铜浸种 5 分钟，洗净后催芽，播种。

（3）药剂。青枯立克 300 倍液＋大蒜油 15～20 毫升对严重病株及病株周围 2～3 米内区域植株进行小区域灌根，连灌 2 次，两次间隔 1 天，根据病情第 2 次用药后间隔 3～5 天再巩固用药 1 次；其余可采用 500 倍液进行穴灌预防 1～2 次，间隔 3～5 天。发病初期喷洒 50% 多菌灵可湿性粉剂或 36% 甲基硫菌灵悬浮剂 500 倍液、此外可用 10% 双效灵水剂或 12.5% 增效多菌灵浓可溶剂 200 倍液灌根，每株灌对好的药液 100 毫升，隔 7～10 天灌 1 次，连续灌 3～4 次。常用杀菌农药有：多菌灵、甲基硫菌灵、双效灵。若抗药性较强可用国内最新药剂 38% 恶霜嘧铜菌酯 800 倍液，30% 甲霜噁霉灵 600 倍液灌根，41% 聚砹嘧霉胺 800 倍液叶茎喷施等。

六、茄子根腐病

（一）症状与识别

根腐病是茄子的一种重要土传性病害。发病时，白天叶片萎蔫，早晚均可复原，反复多日后，叶片开始变黄干枯。同时根部和茎基部表皮呈褐色，初生根或支根表皮变褐，皮层遭到破坏或腐烂，毛细根腐烂，导致养分供应不足。下部叶片迅速向上变黄萎蔫脱落，继而根部和茎基部表层呈褐色根系腐烂（图 6-6），有

图 6-6　茄子根腐病

土或无土栽培时均有发生，且外皮易脱落致褐色木质部外露，但基部以上的部位以及叶柄内均无病变，叶片上亦无明显病斑，最后植株枯萎而死。发病条件主要是，病菌通过灌水，在高湿条件下引起发病。发病适宜地温为 10～20℃。酸性土壤及连作地病重。

（二）防治方法

预防对策是彻底清除田间残体并加以焚烧。随间灌水导致发病率提高，应采取上中灌水。最好选择在三年内未种过茄子的新建棚室土壤种植，播种前地面喷洒新高脂膜形成保护膜，抑制土壤病虫害的繁衍。定植前要用药剂加新高脂膜净化土壤，预防植株患病，定植后及时喷洒新高脂膜防止气传性病菌的侵入。苗期发病初期用根施通加护树将军灌根，能诱导病毒集结，供护树将军靶向消毒，抑制植株根部病毒传导式感染及叶片和果实，保持植株输导系统健康，在喷洒药剂时加新高脂膜 800 倍液增强药效，隔离病菌，提高土壤的换气能力。

七、茄子青枯病

（一）症状与识别

茄子青枯病又名细菌性枯萎病，多在开花结果期发病。茄子被害症状主要表现在，初期个别枝条的叶片或一张叶片的局部呈现萎垂（图 6-7），后逐渐扩展到整株枝条上。初呈淡绿色，变

图 6-7　茄子青枯病

褐焦枯，病叶脱落或残留在枝条上。将茎部皮层剥开木质部呈褐色。这种变色从根颈部起一直可以延伸到上面枝条的木质部。枝条里面的髓部大多腐烂空心。用手挤压病茎的横切面，有乳白色的黏液渗出。

（二）防治措施：农业防治

（1）与葱、蒜的轮作。

（2）选用抗青枯病的品种。

（3）嫁接防病。

八、茄子早疫病

（一）症状与识别

在一定的温湿条件下由真菌致病，多发于植株叶片疫病，主要症状表现在，茄子早疫病主要为害叶片。发生早的在育苗期始见，成株期也可发病；病斑圆形或近圆形，边缘褐色，中部灰白色，具同心轮纹，直径 2～10 毫米。湿度大时，病部长出微细的灰黑色霉状物。后期病斑中部脆裂，严重的病叶早期脱落，直接影响茄子的产量和品质（图6-8）。

图6-8　茄子早疫病
左：茄子早疫病叶片危害症状；右：茄子早疫病果实危害症状

（二）防治方法

1. 农业防治

（1）合理轮作，深翻改土，及时增施有机肥料，改善土壤结构，并对地表喷施消毒药剂加新高脂膜对土壤进行消毒处理；在育苗前用种衣剂加新高脂膜拌种（能驱避驱避地下病虫，隔离病毒感染，防治种子携带病菌）。

（2）选用抗病品种，种子严格消毒，培育无菌壮苗；定植前 7 天和当天，分别细致喷洒两次杀菌保护剂，做到净苗入室，减少病害发生。

2. 化学防治

（1）药剂防治。发病初期应根据植保要求喷施针对性药剂 70% 甲霜灵锰锌（或 70% 乙磷铝锰锌）进行防治，药剂应交替使用，每 5 天喷 1 次，连续 2～3 次，并配合喷施新高脂膜 800 倍液增强药效，提高药剂有效成分利用率，巩固防治效果；同时可形成一层保护膜，防治病菌借风雨再次侵入感染。

（2）注意观察，发现少量发病叶果，立即摘除深埋，发现茎干发病，立即用 200 倍 70% 代森锰锌药液涂抹病斑，铲除病原。

（3）定植前要搞好土壤消毒，结合翻耕，每亩喷洒 3000 倍 96% 达噁霉灵药液 50 千克，或撒施 70% 敌克松可湿性粉剂 2.5 千克，或 70% 的甲霜灵锰锌 2.5 千克，杀灭土壤中残留病菌。以上药液需交替喷洒，每 5 天喷 1 次，连续 2～3 次，每 10～15 天掺加 1 次 600 倍天达 2116，以便提高药效，增强植株的抗逆性能。定植后，每 10～15 天喷洒 1 次 1∶1∶200 倍等量式波尔多液，进行保护，防止发病，注意不要喷洒开放的花蕾和生长点。

如果已经开始发病可选用以下药剂：72.2% 普力克 800 倍液，72% 克露 700～800 倍；70% 甲霜灵锰锌或 70% 乙磷铝锰锌 500 倍液，25% 瑞毒霉 600 倍 +85% 乙磷铝 500 倍液，64% 杀毒矾 500 倍 +85% 乙磷铝 500 倍液，天达裕丰 1000 倍液，70% 新万生或大生的 600 倍液，特立克 600～800 倍液，70% 代森锰锌 500 倍 +85% 乙磷铝 500 倍液，75% 百菌清 800 倍液等。以上药液需交替喷洒，每 5 天喷 1 次，连续 2～3 次，每 10～15 天掺加 1 次 600 倍天达 2116，以便提高药效，增强植株的抗逆性能。

九、茄子灰霉病

（一）症状与识别

灰霉病是茄子的重要病害，该病流行时一般减产 20%～30%，重者可达50%。其适发季节一般在夜间室内外温差小，浇水量较大的春天。症状主要表现在，茄子苗期、成株期均可发生灰霉病。幼苗染病，子叶先端枯死。后扩展到幼茎，幼茎缢缩变细，常自病部折断枯死，真叶染病出现半圆至近圆形淡褐色轮纹斑，后期叶片或茎部均可长出灰霉，致病部腐烂。成株染病，叶缘处先形成水浸状大斑，后变褐，形成椭圆或近圆形浅黄色轮纹斑，直径5～10毫米，密布灰色霉层，严重的大斑连片，致整叶干枯。茎秆、叶柄染病也可产生褐色病斑，湿度大时长出灰霉。果实染病，幼果果蒂周围局部先产生水浸状褐色病斑，扩大后呈暗褐色，凹陷腐烂，表在产生不规则轮状灰色霉状物，失去食用价值（图6-9）。

图6-9　茄子灰霉病
左：茄子灰霉病叶片为害症状；右：茄子灰霉病果实危害症状

（二）防治方法

1.农业防治

选种耐低温弱光茄子品种；控制温、湿度；高垄种植，合理密植，注意通风，雨后注意排水；增施有机肥、钾肥、磷肥，增加树势；及时摘除残枝病果，集中深埋或烧毁。

2.化学防治

预防用药：分别在苗期、初花期、果实膨大期，使用奥力克霉止50毫升，对水15千克，每7～10天喷1次。

治疗用药：灰霉病初发时一般仅表现在残败花期及中下部老叶，发病中前期，使用奥力克霉止50毫升＋大蒜油15毫升，对水 15 千克喷施，3 天左右用药 1 次，连续用药 2~3 次，即能有效控制病情。

3. 生物防治

在茄子灰霉病初发期，用 1.5% 苦参碱 SL（可溶性浓剂）200~250 倍液，3 次用药后，对茄子灰霉病可达到理想的防治效果。

十、茄子叶霉病

（一）症状与识别

主要为害茄子的叶和果实。叶片染病初现边缘不明显的褪绿斑点，病斑背面长有榄绿色绒毛状霉，即病菌分生孢子梗和分生孢子，致病叶早期脱落（图6-10）。果实染病，病部呈黑色，革质，多从果柄蔓延下来，致果实现白色斑块，成熟果实病斑黄色下陷，后渐变黑色，最后成为僵果。

图 6-10　茄子叶霉病

（二）防治方法

1. 农业防治

选种抗病品种；实行轮作；合理密植，注意通棚室及时防风。收获后及时清除病残体，集中深埋或烧毁。栽植密度应适宜，注意降低棚室内湿度。

2. 化学防治

发病初期开始喷洒 50% 多菌灵可湿性粉剂 800 倍液或 47% 加瑞农可湿性粉剂 800~1 000 倍液、40% 杜邦新星（福星）乳油 9 000 倍液、60% 防霉宝 2 号水溶性粉剂 1 000 倍液，每亩喷对好的药液 60~65 升，隔 10 天左右 1 次，连续防治 2~3 次。采前 3 天停止用药。或采用 45% 百菌清烟剂 250 克/亩闭棚熏烟。

第二节 主要虫害

一、蚜虫

（一）症状与识别

茄子蚜虫寄生于茄子（图6-11）。成虫和幼虫聚生于心芽和叶背，吸取茄汁液，导致叶片衰弱，停止生长。严重时，出现煤斑病，叶片布满黑色煤斑，导致叶片枯死、落叶。其危害是，茄子蚜虫以在冬季寄生植物芽附近产下的卵形态越冬，春季，在这些植物上胎性繁殖，数代后成为有翅虫，移至夏季寄主植物茄子、番茄等继续繁殖。但在暖地，棉蚜和桃蚜呈非常复杂的生态，无规律性，在冬季亦可通过胎生雌

图6-11　茄子蚜虫

虫继续繁殖，成为春季的发生源。在春秋，10～14天完成1代，而夏季只需1周，繁殖十分旺盛。

（二）防治方法

1. 农业防治

①防虫网隔离（图6-12），减少蚜虫迁飞进入棚室内数量，同时经常清洁棚室，以断绝或减少蚜源和毒源。②银膜避蚜。棚室四周铺17厘米宽的银灰色薄膜，上方挂银灰薄膜条；在棚室内间隔铺设银灰膜条，均可避蚜或减少有翅蚜迁入传毒。③黄板诱蚜：扦插涂有机油的黄板（高出作物60厘米），诱杀有翅蚜

图6-12　防虫网

减少棚室蚜量（图6-13）。

2. 化学防治

①颗粒剂防蚜治病，用熏蚜颗粒剂Ⅱ号熏12小时，每亩用量0.25千克。或用1%灭蚜松颗粒剂在茄子播种时施入，每1000平方米约15千克，省工，残效可达1个月，效果好，还可保护天敌。②药剂防治。每亩

图6-13 黄板诱蚜

用50%抗蚜威（辟蚜雾）可湿性粉剂10～18克，2000～3000倍液喷雾，灭蚜效果好，并能保护多种敌。还可选用50%马拉硫磷乳油、50%二嗪磷乳油、25%喹硫磷乳油、或2.5%溴氰菊酯乳油、40%菊马乳油各2000～4000倍液进行喷雾。或20%的速灭杀丁乳油2000～3000倍液，或20%的灭扫利乳油3000倍液喷雾。

3. 生物防治

（1）释放天敌。蚜虫发生初期，释放异色瓢虫低龄幼虫或成虫控制蚜害（图6-14），通常按1:（100～120）的瓢蚜比释放，必要时隔10～15天再释放1次。也可定植后初见蚜虫时，即可释放食蚜瘿蚊（图6-15）。主要采用以下2种释放方法：一是将混合在珍珠岩中的食蚜瘿蚊蛹均匀释放在温室中；另一种是将带有烟蚜和食蚜瘿蚊幼虫的盆栽烟苗均匀放置在温室中（烟蚜只为

图6-14 异色瓢虫

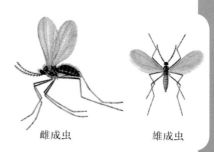

雌成虫　　　　　雄成虫

图6-15 食蚜瘿蚊

食蚜瘿蚊幼虫提供食物，不会转株为害茄子）。前者适用于已见到蚜虫的温室，后者适用于尚未发现蚜虫为害的温室。每次每亩释放 500 头，每 7 ~ 10 天释放 1 次，连续释放 3 ~ 4 次。

（2）施用寄生菌。可利用蚜霉菌和球孢白僵菌等寄生菌，蚜虫发生初期每亩用 100 亿活芽孢 / 克蚜霉菌 WP100 ~ 150 克，对水 50 ~ 70 千克 配制菌液，或用 200 亿活芽孢 / 克的球孢白僵菌粉剂对水稀释成 1 亿活芽孢 / 克以上的菌液喷雾，菌液要随配随用。

（3）施用抗生素。蚜虫发生初期用 10% 阿维菌素（图 6-16）WG8 000 ~ 10 000 倍液喷雾，间隔 7 ~ 10 天，连续用药 2 次。

（4）施用植物源制剂。蚜虫初发期可用 0.3% 印楝素（图 6-17）EC 800 倍液，或 0.5% 藜芦碱（图 6-18）WP 500 倍液，或 0.65% 茴蒿素 AS 400 ~ 500 倍液，或 2.5% 鱼藤酮 EC 300 ~ 500 倍液喷雾，间隔 5 ~ 7 天，连续用药 2 次。

图 6-16 阿维菌素

图 6-17 印楝素

图 6-18 藜芦碱

二、蓟马

（一）症状与识别

属缨翅目蓟马科锉吸式口器害虫。1 年发生 15 代左右，终年繁殖，世代重叠。蓟马怕强光，成虫或若虫通常在花心、未展开的新叶和果柄与果实连接处取食危害，若虫在 1 ~ 5 厘米 表土化蛹（图 6-19）。其危害是，成虫和若虫均能为害苦瓜心叶、嫩芽、花和幼嫩果实。受害叶片着生许多细密的灰白色斑纹；嫩芽

图 6-19 蓟马

呈灰褐色，节间缩短，生长缓慢，严重时扭曲、变黄枯萎，甚至枯顶；花及幼果等呈黑褐色，变硬缩小，易脱落，严重影响生长和果实商品性。蓟马作为植物病毒的传播媒介，还可传播病毒病。

（二）蓟马主要种类

1. 棕榈蓟马

（1）症状与识别。成虫活跃、善飞、怕光，白天常躲在叶背或心叶中，傍晚出来活动取食，取食有趋光性，幼苗、顶叶及花受害较重；成虫和若虫锉吸嫩梢、嫩叶、花和幼果的汁液，被害嫩叶嫩梢变硬缩小，叶脉变黑褐色，茄果表皮粗糙，植株生长缓慢（图 6-20）。

图 6-20 棕榈蓟马

（2）防治方法。在茄子心叶有虫 2 ~ 3 头时，应及时用药剂防，药剂可选用 2.5% 多杀霉素悬浮剂 1500 倍液或 5% 氟虫腈悬浮剂 1500 倍液或 70% 吡虫啉水分散粒剂 7000 倍液喷雾防治。

2. 黄蓟马

（1）症状与识别。黄蓟马成虫、若虫在植物幼嫩部位吸食为害，叶片受害后常失绿而呈现黄白色，甚至呈灼伤般焦状，叶片不能正常伸展，扭曲变形，或常留下褪色的条纹或片状银白色

斑纹。花朵受害后常脱色，呈现出不规则的白斑，严重的花瓣扭曲变形，甚至腐烂（图6-21）。

（2）防治方法。在茄子幼苗中发现有2~3只黄蓟马时就要喷药防治。药剂可在1.8%阿维菌素乳油5毫升加4.5%高效氯氰菊酯乳油15毫升对水15千克，或52.5%农地乐乳油10毫升对水15千克，或1%绿剑乳油2 500倍液中任选一种。如果虫量较多，隔7~10天再喷一次，连喷2~3次。

图6-21　黄蓟马

最后一次用药要严格控制安全间隔期，一般在7天以上。

（三）防治方法

1. 物理防治

蓝板诱杀茄蓟马非常有效。诱杀技术原理是，蓟马具有趋蓝特性。蓝板诱杀茄蓟马技术是利用蓟马的趋蓝性，将涂胶（也可以涂凡士林、黄油等）的蓝板悬挂于田中作物上方约10厘米处，引诱蓟马飞向蓝板，利用粘胶将其黏住捕杀（图6-22），从而控制其危害。无毒无害、安全环保。目前生产上应用的蓝板有普通蓝板和安装诱芯（引诱剂）的蓝板。诱芯（引诱剂）是一种蓟马喜欢的香味剂，能更好地吸引蓟马扑向蓝板，提高诱杀效果。一般制成橡皮头形状，使用时安装于蓝板中央。诱芯有挥发性，开袋后立即安装使用。使用方法：茄子进

图6-22　蓝板诱杀蓟马

入花果期，田间蓟马开始发生，虫口数量较少时开始使用，一直到茄子收获结束，连续使用3~4个月。一般每亩挂置20~30片。蓟马发生高峰期时，可配合多杀霉素等生物农药进行防治。

2. 化学防治

在地面和植株上喷速灭杀丁 3 000 倍液，能有效地防治成虫对于植株的危害。叶片上开始出现黄蓟马时，对植株喷药防治，可用速灭杀丁 3 000 倍液，连续喷施 2 ~ 3 次，防治效果可达 95%。或选 2.5% 菜喜（多杀菌素）悬浮剂 500 ~ 700 倍液；3% 莫比朗乳油 3 000 倍液；0.3% 印楝素乳油 500 倍液喷施；10% 高效氯氰菊酯乳油 4 000 ~ 6 000 倍液等进行喷洒防治均有较好效果。

3. 生物防治

（1）释放敌主要采用田间释放胡瓜新小绥螨、胡瓜钝绥螨等扑食螨控制蓟马为害。茄子苗期每株一次性释放扑食螨 8 ~ 12 头；结果期每次每株 25 ~ 40 头，隔 10 ~ 15 天释放 1 次，连续释放 2 ~ 3 次。

（2）施用寄生菌可采用毒力虫霉，蓟马发生初期用 100 亿活芽孢 / 克的毒力虫霉 WP100 ~ 150 克，对水 45 ~ 60 千克配制菌液喷雾，菌液要随配随用。

（3）施用抗生素蓟马发生初期用 25 克 / 千克多杀霉素 SC 800 ~ 1 000 倍液喷雾，间隔 7 ~ 10 天，连续用药 2 次。要在傍晚或早晨（没有露水时）均匀喷雾施药，重点为花、新叶及果实，同时要喷施地面。

（4）施用植物源制剂蓟马发生初期用 0.3% 苦参碱 AS 1 000 倍液，或 0.5% 藜芦碱 WP 500 倍液喷雾，喷药时注意喷茄子心叶及叶背等处。

三、粉虱

（一）症状与识别

包括白粉虱（图 6-23）和烟粉虱（图 6-24），均属同翅目粉虱科刺吸式口器害虫。粉虱繁殖速度快，易成灾，一年发生多代，世代重叠，以成虫和若虫在日光温室内越冬或继续为害。成虫具有趋黄、趋嫩、

图 6-23　茄子白粉虱

图 6-24　茄子烟粉虱

趋光性。可孤雌生殖。若虫孵化后3天内在叶背可做短距离移走，群集为害。其危害是，白粉虱和烟粉虱以各种虫态群集苦瓜叶背吸食汁液，叶片失绿、萎蔫，严重时全株枯死；粉虱分泌蜜露，诱发煤污病，导致叶片和果实呈黑色，直接影响叶片的光合和呼吸作用以及果实的外观品质；成虫还可作为植物病毒的传播媒介，引发多种病毒病，如花叶、条斑和褪绿病毒病。

（二）防治方法

1. 农业防治

增设防虫网，覆盖银灰色地膜和黄板。粉虱对银灰色有负趋性，所以银灰色地膜可有效地避开粉虱。棚内已经有粉虱发生的，可利用粉虱对黄色的趋性设黄板诱杀。

2. 化学防治

可选用绿菜宝加虱蚜宁各 1 支对水 15 千克，在早上粉虱不愿活动时喷雾防治，还可用药剂熏蒸来防治粉虱。受粉虱为害已经有黄叶现象的棚区，除了加强防治粉虱外，还应喷施植物生长调理剂如丰收 1 号、云大 120 等以缓解虫害对叶功能的不良影响。

3. 生物防治

（1）释放敌主要采用田间释放丽蚜小蜂或桨角蚜小蜂控制茄子粉虱危害。

图 6-25　丽蚜小蜂

①释放丽蚜小蜂：平均每株0.5 头粉虱时开始释放丽蚜小蜂（图6-25）。每次每亩释放 1 000～2 000 头，7～10 天释放 1 次，连续释放 3～4 次。将丽蚜小蜂的蜂卡挂在茄子植株中上部的分枝或叶柄上（图 6-26），温室禁止使用任何

杀虫剂，注意均匀释放；温度应控制在白天 20～35℃，夜间在 15℃以上。防止温室内湿度过大，以保证释放的蜂卵能够有效羽化、存活。

②释放浆角蚜小蜂：将粉虱数量充分压低后，开始释放小蜂，一般每亩释放浆角蚜小蜂 5 000～10 000 头，每隔 7～10 天释放 1 次，释放 3～4 次后，浆角蚜小蜂和粉虱达到相对稳定平衡后即可停止放蜂。放蜂后注意温室保温，夜间温度保持在 15℃以上。

图 6-26　山东寿光蔬菜种业集团释放丽蚜小蜂后的茄子日光温室丽蚜小蜂卵制成放飞卡挂在茄子植株上

（2）施用寄生菌发生初期用 200 亿活芽孢/克的蜡蚧轮枝菌 WP 对水稀释成 1 亿活芽孢/克以上的菌液喷雾，菌液要随配随用。

（3）施用抗生素发生初期用 10% 阿维菌素 W 克 5 000～7 500 倍液喷雾，间隔 7～10 天，连续用药 2～3 次。

（4）施用植物源制剂发生初期用 0.3% 印棟素 EC800～1 200 倍液，或 0.5% 藜芦碱 WP400～600 倍液，或 1% 苦参碱 AS600 倍液，或 0.65% 茴蒿素 AS 400～500 倍液喷雾，喷药时注意先喷叶片正面，然后再喷叶背面。

参考文献

陈永波, 桑毅振, 杨焕明, 等 . 2015. 日光温室茄子主要病虫害绿色防控技术 [J]. 农业工程技术 (1):66–69.

郎德山 . 2015. 新编蔬菜栽培学各论 [M]. 长春：吉林教育出版社 .

李金堂 . 2011. 茄子病虫害防治图谱 [M]. 济南：山东科学技术出版社 .

刘英, 杨维田, 赵志伟, 等 . 2014. 寿光日光温室茄子高产高效实用技术 [J]. 中国蔬菜 (10):69–74.

申爱民 . 2007. 我国茄子生产概况及发展趋势 [J]. 现代农业科技 (21):64–67.

王雨, 丁晓蕾 . 2016. 茄文化价值略述 [J]. 农业考古 (3):243–247.

肖万里, 郎德山, 胡永军, 等 . 2011. 大棚茄子栽培答疑 . 王乐义大棚菜栽培答疑丛书 [M]. 济南：山东科学技术出版社 .

许美荣 . 2009. 茄子实生苗分段和老枝萌芽嫁接育苗技术 [J]. 蔬菜 (1):13–14.

张锡玉, 张晓艳, 国家进, 等 . 2012. 茄子工厂化育苗管理技术规程 [J]. 中国蔬菜 (1):43–44.

朱振华 . 2014. 棚室建造及保护地蔬菜生产实用技术 [M]. 北京：中国农业科学技术出版社 .